航天装备全寿命风险管理

董鸿波 林白 ◎ 主编

FULL LIFECYCLE RISK MANAGEMENT FOR AEROSPACE SYSTEMS

北京理工大学出版社
BEIJING INSTITUTE OF TECHNOLOGY PRESS

版权专有　侵权必究

图书在版编目（CIP）数据

航天装备全寿命风险管理 / 董鸿波，林白主编 . 北京：北京理工大学出版社，2025.5.
ISBN 978-7-5763-5362-4

Ⅰ. V441

中国国家版本馆 CIP 数据核字第 20256UG705 号

责任编辑：李颖颖　　文案编辑：宋　肖
责任校对：刘亚男　　责任印制：李志强

出版发行 / 北京理工大学出版社有限责任公司
社　　址 / 北京市丰台区四合庄路 6 号
邮　　编 / 100070
电　　话 / （010）68944439（学术售后服务热线）
网　　址 / http：//www.bitpress.com.cn

版 印 次 / 2025 年 5 月第 1 版第 1 次印刷
印　　刷 / 北京虎彩文化传播有限公司
开　　本 / 710 mm×1000 mm　1/16
印　　张 / 16.25
字　　数 / 283 千字
定　　价 / 88.00 元

图书出现印装质量问题，请拨打售后服务热线，负责调换

前　言

航天装备是军队战斗力的物质载体与有机组成部分,其从开始的论证到最终报废退役的全寿命各个阶段都面临着一系列不确定问题,充满各种风险。加强航天装备全寿命风险管理,是提升航天装备效能和提高战斗力的重要途径。进入21世纪以来,无论是航天装备发展还是风险管理都进入一个新的阶段,其基本表现就是航天装备更新换代的速度越来越快,复杂程度越来越高,对风险管理提出的要求越来越高。为适应这种变化,有必要在吸收借鉴理论界已有研究成果和近年相关部门出台政策精神的基础上,结合航天装备建设发展实践,开展有针对性的研究。

"航天装备全寿命风险管理"是装备保障类专业开设的一门专业选修课程,其主要讲解风险管理一般性理论在航天装备管理领域的应用。为适应航天装备保障人才培养需要,教材内容分两篇。第一篇为理论篇,是教学的主体内容,涵盖第一章至第四章,重点介绍风险管理的一般性理论,包括风险管理基础,以及风险识别、风险评价和风险应对三个环节。通过学习理论篇,读者能够掌握风险管理是什么、做什么和怎么做等,可以为航天装备全寿命风险管理打下坚实的理论基础。第二篇为实践篇,主体内容是将现代风险管理理论融入航天装备全寿命周期各阶段,着眼于各阶段风险管控,加强整体风险管理能力的提升,具体涵盖教材第五章至第十章,涉及航天装备论证、研制、试验、生产、使用等不同阶段的风险管理,论述了航天装备全寿命周期不同阶段风险的特点,给出风险识别清单和风险应对策略,最后着眼打通全寿命周期各阶段,按照体系化思想提出加强航天装备风险管理体系建设的思路和目标,明确范围与流程，构建航天装备全寿命风险防控体系，给出完善其运行的对策措施。

本书着重探讨和回答的问题是：如何基于航天装备全寿命周期各阶段风险管理的研究，提出航天装备全寿命阶段的风险管理对策。回答这一问题，有赖于对以下几个问题的把握。

一是关于航天装备全寿命周期的划分问题。任何项目，无论大小，其实施都是可以划分为阶段的。在项目建设的不同阶段，项目风险管理的目标不一样，面临的风险因素也不一样，风险管理的重点与方法也就相应有所不同。基于此，航天装备全寿命周期风险管理研究，首要问题便是全寿命周期阶段的划分问题。20世纪80年代，源于成本管理领域的全寿命周期理论产生后，迅速在包括航天装备管理在内的各领域得到推广与应用。就航天装备全寿命管理而言，其基本内涵和指导思想理论与实践在业界已经达成共识，但其阶段划分却众说纷纭，缺乏权威统一界定。即使是航天装备管理方，在不同时期对其阶段划分也不一致。如在国家军用标准《常规武器装备研制程序》和《战略武器装备研制程序》中，从研制角度将常规武器装备研制程序分为论证阶段、方案阶段、工程研制阶段、设计定型阶段和生产定型阶段，而将战略武器装备研制程序分为论证阶段、方案阶段、工程研制阶段和定型阶段。《武器装备质量管理条例》则从加强质量管理角度将武器装备全寿命周期划分为论证、研制、生产、试验和维修。考虑到划分全寿命周期阶段的目的是针对各阶段特点及各阶段的内在联系、彼此影响而加强管理；同时，管理必须涉及主体、客体及其功能，全书依据各阶段发挥主导作用的主体，以及该阶段解决的关键问题、发挥的独特作用等的不同，将航天装备全寿命周期划分为装备论证、研制、试验、生产、使用五个阶段。

二是关于航天装备全寿命周期各阶段风险类型维度的划分问题。风险管理流程中一个重要环节是识别风险类型，这是加强风险管理的前提与基础。关于风险类型的划分，不同项目有不同的划分标准，可能同一个项目，在其不同阶段，为研究方便，也会有其特定的划分标准。由于划分标准的不统一，理论研究与实践中不可避免存在逻辑混乱、范围叠加等问题，如将环境风险、信用风险、市场风险、技术风险并列研究分析等。考虑到风险类型划分的基础性，本书在整体上以时间为维度，将航天装备风险划分为论证、研制、试验、生产和使用五种类型。在具体每个阶段，也就是每一类型风险的分析上，本书依据完成该阶段工作所涉及的要素不同，从"人、机、料、法、环"五个方面细分风险类型。

三是关于航天装备全寿命周期各阶段风险评价的数据来源问题。风险评价是在对项目风险进行评估分析的基础上，对项目风险进行系统和整体的评价，以确定项目的整体风险等级、关键的风险要素及项目内部各系统风险之间的关系，以此为风险应对和监控提供依据。进行风险评价，无论是定性还是定量，都不可避免会涉及数据。航天装备无论是从其类型、型号，还是从其建设发展的参与方来讲，都注定是一个复杂庞大的系统，分析其全寿命周期风险也必然要涉及多种因素。涉及因素的复杂性，决定了解决数据来源问题是本书必须考虑和回答的问题。鉴于本书研究着眼于航天装备整体，而不是某一型号的装备，目的是通过研究揭示航天装备风险管理的一般性规律。另外，也是很重要一个原因，本书定位公开，不能涉及具体型号数据。为此，在风险管理的"识别、评价、应对"等一般性流程中，本书对于评价的处理，以定性为主，定量为辅，涉及发生概率、损害程度的判定主要采取专家访谈、实地调研、文献资料研究等方式获得。然后选择合适的方法，对这些数据加以处理，最后得出该阶段风险重要度排序，也就是重点应该关注的，以及可以忽略不管的。

本书着眼于提升航天装备风险管理能力与水平，在分析借鉴风险管理一般性理论的基础上，运用全寿命周期与一体化等先进管理理论，分析研究航天装备各阶段的风险识别、评价与应对，结合航天装备建设发展实践，构建航天装备全寿命周期风险防控体系与信息管理系统，对于提升航天装备建设发展效能和部队战斗力有积极意义。本书的具体分工如下：董鸿波、沈建明（前言、第一章、第二章），王小乐、宋晓强（第三章、第四章），孟小祥（第五章），赵今蛟、董鸿波（第六章），翟宁（第七章），王飞（第八章），韩志超（第九章），陆云峰（第十章），全书由董鸿波、林白统稿。本书在编写过程中吸收、借鉴了军内外专家的相关研究成果，在此一并表示感谢。

由于编者水平有限且时间仓促，书中难免存在疏漏之处，敬请广大读者批评指正。

作　者
2024 年 6 月

目 录

第一篇 理论篇

第一章 风险管理基础 …………………………………………………… 003

学习目标 …………………………………………………………… 003
主要内容 …………………………………………………………… 003
第一节 风险管理的历史 …………………………………………… 005
第二节 风险的概念、特点及产生机理 …………………………… 008
第三节 风险的类型 ………………………………………………… 014
第四节 风险管理的概念、原则及过程 …………………………… 018
本章小结 …………………………………………………………… 024
思考题 ……………………………………………………………… 024

第二章 风险识别 …………………………………………………………… 025

学习目标 …………………………………………………………… 025
主要内容 …………………………………………………………… 025
第一节 风险识别概述 ……………………………………………… 027
第二节 风险识别过程与活动 ……………………………………… 030
第三节 风险识别方法 ……………………………………………… 034
本章小结 …………………………………………………………… 040

思考题 ·· 040

第三章　风险评价 ·· 041

　　学习目标 ·· 041
　　主要内容 ·· 041
　　第一节　风险评价概述 ·· 043
　　第二节　风险评价过程 ·· 044
　　第三节　风险评价方法 ·· 046
　　本章小结 ·· 052
　　思考题 ·· 053

第四章　风险应对 ·· 055

　　学习目标 ·· 055
　　主要内容 ·· 055
　　第一节　风险应对概述 ·· 057
　　第二节　风险应对过程 ·· 058
　　第三节　风险应对策略 ·· 060
　　本章小结 ·· 068
　　思考题 ·· 068

第二篇　实践篇

第五章　航天装备论证风险管理 ·· 071

　　学习目标 ·· 071
　　主要内容 ·· 071
　　第一节　航天装备论证概述 ··· 073
　　第二节　航天装备论证风险分析 ··· 076
　　第三节　航天装备论证风险处置与监督 ······························ 086
　　本章小结 ·· 088
　　思考题 ·· 089

第六章　航天装备研制风险管理 ·· 091

　　学习目标 ·· 091
　　主要内容 ·· 091

第一节 航天装备研制风险管理概述	093
第二节 航天装备研制风险识别	096
第三节 航天装备研制风险评估	114
第四节 航天装备研制风险应对与监控	132
本章小结	138
思考题	138

第七章 航天装备试验风险管理 … 139

学习目标	139
主要内容	139
第一节 航天装备试验风险管理概述	141
第二节 航天装备试验风险识别	147
第三节 航天装备试验风险评估	154
第四节 航天装备试验风险控制	157
本章小结	161
思考题	162

第八章 航天装备生产风险管理 … 163

学习目标	163
主要内容	163
第一节 航天装备生产风险识别	165
第二节 航天装备生产风险分析	173
第三节 航天装备生产风险应对与控制	178
本章小结	181
思考题	181

第九章 航天装备使用阶段风险管理 … 183

学习目标	183
主要内容	183
第一节 航天装备使用阶段风险管理概述	185
第二节 航天装备接收风险管理	187
第三节 航天装备日常使用风险管理	190
第四节 航天装备维修风险管理	196
第五节 航天装备延寿改进与退役报废风险管理	198

本章小结 ………………………………………………………… 203
　　思考题 …………………………………………………………… 203

第十章　航天装备全寿命风险管理防控体系建设 …………… 205
　　学习目标 ………………………………………………………… 205
　　主要内容 ………………………………………………………… 206
　　第一节　航天装备全寿命风险管理防控体系概述 …………… 207
　　第二节　航天装备全寿命风险管理防控体系建设框架 ……… 211
　　第三节　航天装备全寿命风险管理防控体系建设流程 ……… 213
　　第四节　体系运行的重点和需要关注的问题 ………………… 223
　　本章小结 ………………………………………………………… 225
　　思考题 …………………………………………………………… 225

参考文献 …………………………………………………………… 226

附件 A　武器装备研制风险因素调查表 ………………………… 229

附件 B　评价指标权重打分表 …………………………………… 230

附件 C　风险因素判断矩阵 ……………………………………… 237

附件 D　模糊隶属度调查问卷 …………………………………… 243

后记 ………………………………………………………………… 247

第一篇
理论篇

第一章 风险管理基础

学习目标

通过学习本章,学生应简单了解风险管理历史,深入把握风险管理基本概念和内涵,全面系统掌握风险管理步骤、内容与方法,自觉增强风险意识,提升风险管理素养,为在实践中提升风险管理能力与水平奠定理论基础。

主要内容

(1) 风险管理的历史;
(2) 风险的概念、特点及产生机理;
(3) 风险的类型;

(4) 风险管理的概念、原则及过程。

航天装备具有技术新、工程性强、研制和生产周期长、耗费资金多、未知因素多,以及影响面广等特点。集中了现代尖端科技的航天装备,其全寿命周期各阶段的管理充满风险与挑战,面临技术、时间、费用、人力等诸多风险因素,任何环节和方面考虑不周,都有可能造成重大经济损失,若要提升航天装备管理水平,必须重视和加强风险管理。

第一节 风险管理的历史

风险管理是对事物生命周期内可能遇到的不确定性事件进行有效管理，进而降低其负面影响的过程。作为人类特有的一项目的性活动，人类认识风险的发展历史几乎与人类文明一样久远，风险管理随着人类社会的产生而产生，发展而发展。学术界根据人类对风险及其管理认识程度将风险管理划分为三个阶段。

一、萌芽阶段的风险管理思想

人类社会早期，中外先贤都有对风险的认识与理解。中华五千多年的文明中，总结了很多具有风险管理的哲学思想和方法。一些学者分析后得出结论，从伏羲氏、神农氏、轩辕氏，到儒家、道家、兵家等诸子百家，中国的先祖很早就已经认识到世界万物发展变化的基本规律，并由此概括出了应对由变化带来风险的思想。

根据西方历史，人类对风险及其管理的掌握也是一个漫长的进化过程。有文献记载，埃及法老梦见 7 头健康的牛被 7 头生病的牛吞噬，7 穗健康的玉米被 7 穗生病的玉米吞噬。法老对这个梦感到困惑，于是请约瑟来释梦。约瑟对法老说，这个梦预示着 7 个丰收年之后是 7 个饥荒年。为了对冲风险，法老便购买、囤积了大量粮食。后来，又出现饥荒年时，埃及依旧繁荣。很明显，这就是风险管理思想在实际中的运用。

如果将第一次世界大战之前的风险管理统称为"萌芽阶段"风险管理，可以看出，此阶段风险管理更多关注自身财产保全，将风险看作"一种未来发生财产损失的可能性"，针对这种因自然灾害、疾病或外部侵扰等不稳定因素可能导致的财产损失，人类提出了诸如"居安思危""防患于未然"的风险管理思想，主张通过结为部落、互助互济、共同承担责任等方式抵抗风险，渗透着最朴素的风险管理意识和最简单的风险管理实践。

二、传统时期的风险管理思想

国外学术界一般将 1990 年以前的风险管理阶段称为传统风险管理阶段，

此后的则称为现代风险管理阶段。传统风险管理始于美国,标志是美国管理协会保险部在1931年开始倡导风险管理,并研究风险管理及保险问题。

美国于1929—1933年卷入20世纪最严重的世界性经济危机,经济危机造成的损失促使管理者注意采取某种措施来消除风险、控制风险、处置风险,以降低风险给生产带来的不良影响。1931年,美国管理协会保险部首先提出风险管理的概念,在之后的若干年里,以学术会议及研究班等多种形式集中探讨和研究风险管理问题。此时风险管理主要限于理论探讨,只有少部分大型企业开始试行实践。

20世纪50年代,美国企业界发生了两件大事:其一,美国通用汽车公司的变速器装置引发火灾,造成巨额经济损失;其二,美国钢铁行业因团体人身保险福利问题及退休金问题诱发长达半年的工人罢工,给国民经济带来难以估量的损失。这两件大事促进了风险管理在企业界的推广,风险管理从此得到蓬勃发展。从20世纪50年代至70年代,随着企业面临的风险复杂程度和风险费用的增加,法国开始从美国引进风险管理研究和实践成果,风险管理开始在欧洲大陆传播。1983年,在美国召开的风险和保险管理年会上,讨论并通过了"101条风险管理准则",标志着风险管理进入一个新的发展阶段。1986年,欧洲11个国家联合成立了欧洲风险委员会,将风险管理范围扩大到国际交流方面,并逐步由西方发达国家向亚太地区延伸,日本也开始了风险管理研究。

传统风险管理阶段,风险控制的对象主要是财务风险和信用风险。从风险管理措施、制度和现实的风险案例来看,传统的风险管理存在以下几方面缺陷:一是没有将风险管理提升到战略目标的高度,只是被动地控制风险;二是研究的内容局限于单一或局部的层面,缺乏对风险管理的系统研究;三是传统风险管理更多是一种被动的应对型和损失控制与损失融资型的管理,风险管理效率低下。

三、现代风险管理思想

20世纪80年代末至90年代初,随着经济全球化以及国际金融的不断发展,经济主体经营过程中面临更加多样和复杂的风险,持续不断的金融危机使人们意识到传统风险管理已经不能满足风险管理的需要。

1992年,COSO(The Committee of Sponsoring Organization of the Tread way Commission,全美反舞弊性财务报告委员会发起组织)发布了一套企业全面风险管理的框架雏形——《内部控制——整合框架》。伴随着《内部控制——整合框架》(1992)报告的出台,风险管理进入现代风险管理阶段,这一阶段风险管理理论和风险管理实践都有很大突破。2004年，COSO在对1992年框架进行修订的基础上，又颁布了全新的《企业风险管理——整合框架》。COSO的这份报告，涵盖了概念、框架定义、外部报告和评价工具四部分，是对整体的内部控制进行的全面、深度的阐述，为管理层提供了评估内部控制所需的合规、合法标准。

与传统阶段风险管理理论相比，现代风险管理理论最突出的特点就是对企业整体风险的全面集成管理。这个阶段的主要理论成果有整合风险管理理论（Intergrated Risk Management，1992）、风险价值模型理论（Value at Risk，1993）、整体风险管理理论（Total Risk Management，1999）等。区别于传统风险管理理论，整合风险管理和整体风险管理理论，强调将单一风险综合管理，试图改变将风险进行个别分析和处理的模式，使风险管理由单一化向综合管理方向发展，并注重风险之间的关联性，将风险管理理论向前推进了一大步。

相对于传统风险管理理论，现代风险管理理论具有以下几个明显特征：一是全方位的风险管理，风险管理涉及人员、技术、资金、管理、经济政治、社会文化等多方面；二是全过程的风险管理，强调对经营活动中所有环节、每个步骤开展全过程的集成管理；三是全员的风险管理，要求决策层、管理层、企业员工等各类相关人员全员参与风险管理，每个成员都需要对风险管理承担相应的责任，并通过与其他成员的合作，最大限度做好风险管理工作；四是全面集成的风险管理，要求在风险度量、应对和风险管理方法上综合集成，强调构建包含多种风险管理技术与方法的综合风险防控体系，注重风险管理上定性与定量管理的内在统一；五是全球化的风险管理，要求企业或组织立足全球化背景，权衡分析全球各种条件变化对企业或组织造成的影响并努力做好相关应对工作。

对于我国企业风险管理发展历程的划分，国内学者也各有不同观点，例如，国内学者王农跃、严复海等将企业风险管理划分为三个阶段，依据时间顺序依次是传统企业风险管理、现代企业风险管理、全面企业风险管理。也有学者认为我国企业风险管理发展历程可以分为两个阶段，即财务及保险风险管理阶段和企业整体风险管理阶段。其中，财务及保险风险管理阶段时间基本为20世纪30年代初至90年代初，这一阶段风险管理涉及的企业管理内容主要是企业财务风险和保险风险。企业整体风险管理阶段是20世纪90年代初至今，主张在旧的风险管理方法和技术基础上进行各种创新工作，不断协调企业各方利益，全面考虑风险的影响因素，通过有效的风险组合做到整体风险的规避，以实现利润最大化。

我国对风险管理的系统研究始于20世纪80年代中后期，并在随后的工程项目中得到越来越广泛的应用。1991年我国成立了相关的学术组织，项目风险管理研究进入有组织的新阶段，项目风险管理研究与实践不断深入。2006年6月，国务院国有资产监督管理委员会颁布了《中央企业全面风险管理指引》，正式开始在央企推行全面风险管理工作。2008年5月，财政部会同证监会、审计署、银监会、保监会（银监会、保监会合并后改名为银保监会，后又名国家金融监督管理总局）颁布了《企业内部风险控制基本规范》，自2009年7月1日起在上市公司范围内施行，鼓励非上市的大中型企业执行。自2009年开始，我国注册会计师考试进行了重大改革，新增了"公司战略与风险管理"科目。国内许多高等院校在本科生、研究生等层次上都开设了有关风险管理的课程。

当前，风险管理的理论研究和实践工作蓬勃兴起，并呈现出方兴未艾的发展势头。就其发展趋势来看，主要表现出三个特点：一是从单一风险管理走向综合风险管理。风险管理已成为多学科交叉的前沿管理领域，综合了自然科学与社会科学、工程技术与管理科学等多学科和多领域。二是强调将风险管理纳入国家可持续发展规划中，提出将防范各种潜在的风险因素整合到发展规划和日常管理决策中，从而能从更基础的层面改善风险管理，防患于未然。三是关注重点由传统风险因素转向新风险因素。当前，特别要对全球环境变化、全球化与区域化影响、能源与淡水短缺、新技术风险等新型综合风险予以高度关注。

第二节 风险的概念、特点及产生机理

天有不测风云，人有旦夕祸福。风险是客观存在的，在某种程度上，人类发展的历史就是同各种风险做斗争的历史，也就是风险管理的历史。要实现有效的风险管理，必须先认识风险。

一、风险的概念

作为一种客观存在，尽管人们普遍关注风险，但对其定义，人们还没有达成共识，在经济学家、统计学家、决策理论家和保险学者中尚无一个适用于各个领域的一致、公认的定义。目前，关于风险的定义主要有以下几种代表性观点。

（一）定义

国际标准化组织在 ISO 31000—2009 中给出的定义是：风险是不确定性对目标的影响。美国国防部的定义是：风险是在规定的费用、进度和性能约束条件下实现项目目的和目标中不确定性的度量。欧洲航天局的定义是：风险是有可能发生并对项目产生负面影响的不利形势或不利情况。我国针对装备研制，在《装备研制风险分析要求》（GJB 5852—2006）中给出的定义是：风险是在规定的费用、进度和技术等约束条件下，对不能实现装备研制项目目标的可能性及所导致的后果严重性的一种度量。

虽然不同的学者和组织对风险的定义不尽相同，但其内涵基本一致，特别是都表述了风险具有不确定性且会影响项目目标实现的特点。具体可以从规范性和实证性两个层面深入认识和把握风险的内涵。

从规范性角度讲，风险是指不确定性对事物发展造成的负面影响。也就是说，风险是一种因不可确定性因素存在而使事物发展遭受损失的可能性，即损失的可能性。理解风险的概念，重点是对不确定性的认识。所谓不确定性，包含三个方面的意思，一是风险事故发生的时空不确定，二是风险事故触发的条件不确定，三是风险事故发生的过程和结果不确定。基于此，有些学者干脆将风险与不确定性画等号。

从实证性角度讲，风险是人们因对未来行为的决策及客观条件的不确定性而可能引起的后果与预定目标发生多种负偏离的综合。也就是指损失发生的不确定性，它是不利事件或损失发生的概率及其后果的函数，用数学公式表示为：

$$R = F(P, C)$$

式中，R 表示风险；P 表示不利事件发生的概率；C 表示该事件发生的后果。

对风险这些不同层面的认识从不同的角度对风险进行了描述，要全面理解风险的含义，应注意以下几点。

第一，风险与人们的行为相关。这种行为既包括个人的行为，也包括群体或组织的行为。不与行为相关的风险只是一种危险。而行为受决策左右，因此也可以说风险与人们的决策有关。

第二，客观条件的变化是风险的重要成因。尽管人们无力控制客观状态，却可以认识并掌握客观状态变化的规律性，对相关的客观状态作出科学预测，这也是风险管理的重要前提。

第三，风险是指可能的后果与目标发生的负偏离。负偏离是多种多样的，且重要程度不同，而在复杂的现实经济生活中，"好"与"坏"有时很难评判，需要根据具体情况加以分析。

第四，必须从后果的角度来系统认识风险。虽然风险客观存在，但并不是无法避免的，只要运用科学的方法，深刻认识到风险后果及风险源，预先采取有效措施，至少可以将风险控制到人们可以接受的程度。

第五，尽管风险强调负偏离，但实际中也存在正偏离。由于正偏离是人们的渴求，属于风险收益的范畴，因此，在风险管理中也应予以重视，它激励人们勇于承担风险，获得高风险收益。

（二）构成要素

风险是由多种要素构成的，这些要素共同决定了风险的发生和发展。要想真正理解和把握风险的内涵，就必须弄清楚这些风险要素的含义及相互关系。

1. 风险因素

风险因素是指引起或增加风险事故发生的机会或扩大损失幅度的原因和条件。可以看出，风险因素是导致风险事故发生，造成风险损失的源头。不同类型的风险，其区别主要在于风险因素的不同。风险因素可以划分为物质、道德和心理三大类，其中，物质类是指有形的且能直接影响事物的物理功能的风险因素；道德类是与人的品德修养有关的无形的风险因素；而心理类则是指与人的心理状态有关的无形的风险因素，如粗心、敏感等。区分风险因素是开展风险识别的基本工作。

2. 风险事故

风险事故（也称为风险事件）是指造成人身伤害或财产损失的偶发事件，是造成损失的直接的或外在的原因，是损失的媒介物，即风险只有通过风险事故的发生才能导致损失。就某一事件来说，如果它是造成损失的直接原因，那么它就是风险事故；而在其他条件下，如果它是造成损失的间接原因，它便成为风险因素。例如，下冰雹路滑发生车祸，造成人员伤亡，这时冰雹是风险因素；如果是冰雹直接击伤行人，那么它就是风险事故。再如，暴雨使路面湿滑，导致车祸发生，造成人员伤亡，这时暴雨是风险因素，车祸是风险事故；但如果是暴雨直接淋湿货物，暴雨就成了风险事故。

3. 风险损失

风险损失是指非故意、非预期、非计划的经济价值的减少。非故意是指损失是因风险事故造成的，是客观的，而不是主观作为导致的，如骗保就是故意造成损失。非预期是指主体不可能猜想到损失的发生时间及损失程度，如果能够完全预期，就没有了不确定性，则不构成风险。例如，折旧、馈赠等行为会导致主体经济价值减少，即损失，但由于其是主观的、可预期的，同样不能说其是风险损失。非故意、非预期、非计划充分体现了风险的不确定性。也就是说，如果经济主体事先能够预期，甚至是计划设计风险，那就没有不确定性，进而也就不能称其为风险了。

风险损失的形态包括两种：一种是直接损失，包括因风险事故导致的财产损毁与灭失及人身伤害等有实质性影响的损失；另一种是间接损失，主要指商业信誉、企业形象、社会利益等方面受到损害，以及由直接损失导致的额外费用增加、收益减少、责任增加等损失。

可以看出，风险因素、风险事故、风险损失之间存在紧密的因果关系，风险因素引起风险事故，风险事故导致风险损失，三者共同构成了风险的发生。我们可以把风险因素、风险事故和风险损失简称为风险三要素。风险三要素之间的关系，可以用图1-1说明。

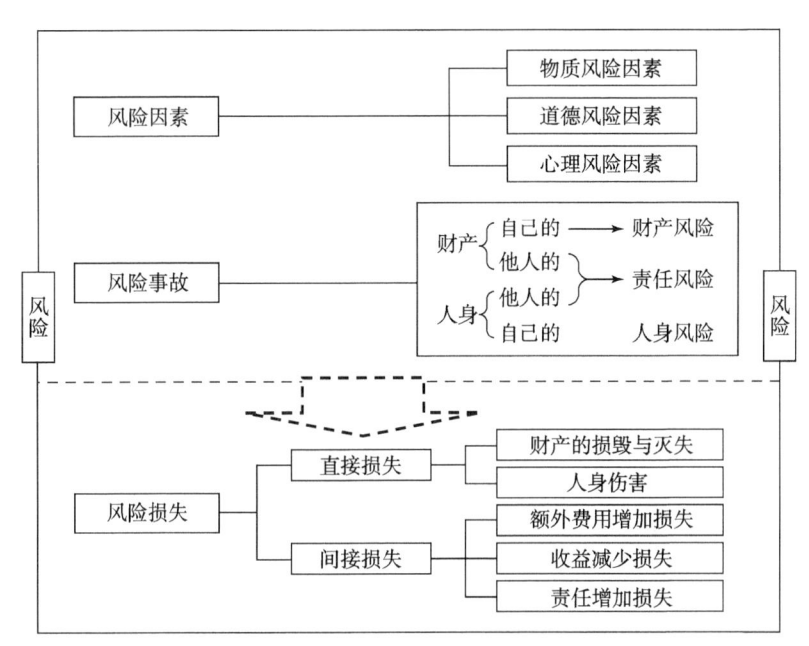

图1-1 风险因素构成

二、风险的特点

任何风险定义都可能存在一定的主观性、局限性，这主要是由风险的特点及应用范围决定的。风险一般具有以下几个特点。

(一)客观性

客观性主要是指风险因素的存在是客观的,不因人意志、行为的改变而改变。从这一角度讲,若要通过风险管理减少和避免风险损失,就必须及时发现各种风险因素,进而展开风险评估,根据其可能产生的影响及时采取应对举措。风险的客观性要求人们应充分认识风险、承认风险,采取相应的管理措施,以尽可能降低或化解风险。

(二)突发性

突发性主要是指风险事故的发生往往给人一种突发的感觉。当人们面临突然产生的风险事件时,往往不知所措,其结果是加剧了风险的破坏性。而风险的这一特点则要求人们建立风险预警系统和防范机制,完善风险管理系统。

(三)多样性

多样性主要是指风险的形态具有多样、多变的特点。我们知道,不同类型的风险受不同风险因素影响,在风险性质、破坏程度等方面呈现不同的特点。同时,在同一种风险发展过程中,受内外部条件的变化影响,风险不可避免呈现动态变化的特征。例如,航天装备在其不同生命阶段,面临不同类型的风险,同样的管理风险,在不同阶段也呈现不同的特点。另外,风险的多样性还体现在同样的风险事件对不同的利益相关者的影响不同。例如,对于哥伦比亚号航天飞机失事事件,美国国家航空航天局(NASA)的风险是其财产和信誉,而对于飞机上的航天员而言,最大的风险则是失去生命。风险的多样性要求人们在风险管理中必须考虑各种风险之间存在交错复杂的内在联系,以动态的眼光看待风险,对其进行系统识别与综合考虑,实现一体化防范风险的目的。

(四)相对性

相对性主要是指风险损失对不同主体造成的影响是不同的。风险事件对经济主体造成的最终损失是既定的、客观的,但其影响大小则受经济主体风险承受能力大小的影响。一般而言,人们的风险承受能力受到收益大小、投入多少等多种因素的影响,呈现出明显的差异性,构成了风险影响的相对性。也就是说,风险管理要针对经济主体的风险承受能力,有针对性地采取应对措施。

三、风险产生机理

风险的产生,从根本上讲是因为存在各种导致不确定的深层次因素,可以称其为风险源。风险源的存在是客观的,其触发是有条件的。风险的产生有作用过程,而认识这种机制和过程,有助于提升风险识别能力。目前,关于风险产生机理有几种代表性观点。

(一)事故频发倾向论

这种观点认为,个别人具有容易发生事故的、稳定的、内在的倾向。根据这种观点,风险识别及其应对应该围绕个别人有针对性地展开以提升风险管理效率。

据相关文献介绍,事故频发倾向者往往有以下性格特征:①感情冲动,容易兴奋;②脾气暴躁;③厌倦工作,没有耐心;④慌慌张张,不沉着;⑤动作生硬,工作效率低;⑥喜怒无常,感情多变;⑦理解能力低,判断和思考能力差;⑧极度喜悦和悲伤;⑨缺乏自制力;⑩处理问题轻率、冒失;⑪运动神经迟钝,动作不灵活。日本的丰原恒男研究发现,容易冲动的人、不协调的人、不守规矩的人、缺乏同情心的人和心理不平衡的人发生事故次数较多。

近年来,许多研究结果认为,"事故频发倾向者"并不存在。例如,把事故发生次数多的工人调离岗位以后,企业的事故发生率并没有降低;又如,某段时间内发生事故次数多的工人,在企业安全生产条件改善以后往往不再如此。数十年的实验研究很难找出"事故频发倾向者"的稳定个人特征。换言之,许多人发生事故只是由于他们行为的某种临时特征引起的。

(二)事故因果连续论

这种观点以海因里希为代表。1931年,海因里希首先提出了事故因果连续论,用以阐明导致事故的各种因素之间与事故之间的关系。该理论认为,事故的发生不是一个孤立的事件,尽管事故发生可能在某一瞬间,却是一系列互为因果的原因事件相继发生的结果。

在事故因果连续论中,以事故为中心,事故的原因可以概括为3种类型:直接原因、间接原因、基本原因。海因里希最初提出的事故因果连续过程包括以下5个因素:遗传及社会环境、人的缺点、人的不安全行为或物的不安全状态、事故、伤害。

海因里希用多米诺骨牌来形象地描述这种事故因果连续关系,即在多米诺骨牌效应中,一张骨牌被碰倒了,则将发生连续反应,其余的几张骨牌相继被碰倒。如果移去连续中的一张骨牌，则连续被破坏，事故过程被中止。海因里希认为，企业事故预防工作的中心就是防止人的不安全行为，消除机械的或物质的不安全状态，中断事故连续的进程而避免事故的发生。

海因里希的事故因果连续论，提出了人的不安全行为和物的不安全状态是导致事故的直接原因，指明了工业安全中最重要、最基本的问题。但是，海因里希的事故因果连续论也和事故频发倾向论一样，把大多数工业事故的责任都归因于人的缺点等，表现出了时代的局限性。

（三）能量意外释放论

从根源上讲，一切活动的产生都是以能量为基础的，这就要求采取措施控制能量，使能量按照人们的意图产生、转换和做功。如果由于某种原因失去了对能量的控制，就会发生能量违背人的意愿的意外释放或逸出，使进行中的活动中止而发生事故。基于这一原理，吉布森（1961年）、哈登（1966年）等相继提出了解释事故发生物理本质的能量意外释放论。

按照能量意外释放论的观点，不同类型事故归根都是能量外泄造成的。例如，如果事故时意外释放的能量作用于人体，并且能量的作用超过人体的承受能力，则将造成人员伤害；如果意外释放的能量作用于设备、建筑物、物体等，并且能量的作用超过它们的抵抗能力，则将造成设备、建筑物、物体的损坏。

能量意外释放论有助于管理者从深层次分析风险因素，找到风险的更深层次源头。调查伤亡事故原因发现，大多数伤亡事故都是因为过量的能量，或干扰人体与外界正常能量交换的危险物质的意外释放引起的，而且这种过量能量或危险物质的释放都是由于人的不安全行为或物的不安全状态造成的。

第三节　风险的类型

为了有效地进行风险管理，对各种风险进行分类是必要的，只有这样，才能对不同的风险采取不同的规避或消减措施，从而实现风险管理的目标。按不同的分类标准，风险可以分为不同种类。按产生因素，可以将风险划分为自然风险、社会风险、经济风险、技术风险；按特性，可以将风险划分为静态风险与动态风险；按可承受程度，可以将风险划分为可接受风险与不可接受风险。不同项目，其风险源头具体表现形式不尽相同，但基本不会脱离"人、机、料、法、环"等几个方面。下面以航天装备研制为例,分析风险源头的不同类型。根据历史资料,我们可以从系统角度预测出航天装备研制过程中的主要风险源有以下几个方面。

一、人力风险

从某种意义上来说,任何风险在不同程度上都可以最终归结为人力风险,这里所说的人力风险是指由于人员的责任心或能力问题直接造成的风险,即由于人员的素质问题而造成航天装备在研制过程中的风险。

航天装备研制生产是规模庞大的、典型的高科技项目,对人员的要求很高,不仅要求有关人员具有较高的业务素质和专业技术水平,而且要求具有极强的质量意识和合作精神。如果有关人员达不到要求,便会影响到项目的进展和最终成果。有时,由于某个普通操作人员工作上的一个极小疏忽,如某个焊点虚焊或多余物遗留到产品中,就会导致整个项目的失败,造成巨大的损失。再如,人员变动过于频繁,某些管理人员的不胜任或一些关键岗位人才的流失,都会极大地影响整个项目研制的顺利进行。所以,人力风险是航天项目研制中不可忽视的一个风险源。它包含以下几种情况:

(1)责任心风险,是指由于有关人员的责任心不强而直接造成的风险。

(2)能力风险,是指由于有关人员的能力不够而直接造成的风险。

(3)研制队伍的稳定性风险,是指由于研制队伍的变化而使项目面临的风险。

二、技术风险

技术风险是指由于技术上不成熟、不过关等原因而使航天装备在研制过程中形成的风险。技术风险主要存在于设计、生产、试验、使用等诸环节中,如由于技术途径、工艺方法和技术方案的不成熟性引起的风险,由于设备、检测手段达不到要求引起的风险,以及由于技术老化引起的风险等。技术风险是航天装备研制过程中遇到的主要风险,具体可以分为以下几种。

(1)设计风险是指由于设计方案不成熟而造成的风险。

(2)工艺风险是指由于工艺技术水平无法满足设计要求而造成的风险。

(3)元器件风险是指由于航天产品上的元器件可靠性不高而造成的风险。

(4)原材料风险是指由于原材料质量问题而造成的风险。

(5)设施风险是指由于加工设备、组装、试验、发射设施达不到要求而造成的风险。

三、管理风险

管理风险是指在航天装备研制生产或使用中,由于计划、组织、控制等管理工作达不到规定的要求,所造成的研制时间推迟、成本上升或研制失效等风险。航天装备全寿命周期涉及多个阶段,是一个错综复杂的管理过程,需要严格周密的科学管理,才能保证各项工作按目标顺利进行。正是由于过程复杂、协作面广,因此,在航天装备全寿命周期中难免受各种不确定因素的影响,造成管理的缺陷,从而使航天装备面临风险。管理风险可进一步分为以下几种:

(1) 计划风险,是指由于编制计划时对研制经费、研制进度等安排不合理而造成的风险。

(2) 组织风险,是指由于航天项目研制的组织结构不协调而带来的风险。

(3) 协调风险,是指各分系统、零部组件在研制过程中协调不力所造成的风险。

(4) 控制风险,是指规章制度不健全,或有章不循、监控不力而造成的风险。

四、环境风险

由于环境变化而造成的航天装备在研制过程中面临的风险,可以分为以下几种。

(1) 政治风险。政治风险是指国内和国际政治形势的变化而造成的风险。政治风险反映在国内、国际两个方面,是由国内、国际政治形势及国际关系变化的不确定性带来的。航天装备往往直接关系着综合国力,影响现代化水平,对国际政治关系有较大的影响。所以,航天工程对政治形势的变化非常敏感,政治形势变化带来的风险也是非常大的。

(2) 经济风险。经济风险是指由于国际或国内经济形势的变化而造成的风险。

(3) 自然风险。自然风险是指由于自然环境因素而造成的风险。自然风险是由不可抗力因素造成的项目研制风险。例如,由于气象条件的变化引起的发射试验推迟、损失等。

(4) 市场风险。市场风险是指由于市场供求关系或价格的变化而造成的航天项目研制费用改变或影响进度的风险。市场风险是由市场要素的不确定引起的,主要反映在航天装备市场需求的变化,型号研制中生产要素供应的市场变化,以及物价调整和外汇比价变化等方面。航天装备是一种特殊商品,用户对装备的技术性能指标要求的变化,会带来立项决策和研制方案的重大修改,

第一章　风险管理基础

造成研制周期的延长或研制费用的增加。如果航天装备的技术性能指标不先进或发射成本过高，便会难以适应市场的需求，从而失去用户。

就航天装备而言，通常划分为技术风险、费用风险、进度风险、计划风险和保障性风险五种类型。

（1）技术风险是指为了使航天装备具备新的性能水平或满足新的、更加严苛的约束条件而使用新的技术、采用新的设计所带来的风险。这种风险是由于技术、设计等的"新"，从而相对于原有技术具有更多不确定性，进而可能使主体遭受意外损失。信息化条件下，随着航天装备复杂程度的不断增加，必然要更多地采用最新科技成果。而所采用的新技术、新材料和新工艺等都将成为技术风险的风险源。

（2）费用风险是指航天装备论证、研制、试验、生产、维修保障等环节实际费用超出计划经费的风险。

进度风险是指航天装备发展不能满足规定的重大里程碑要求的风险，主要表现为项目的滞后导致费用增长，影响任务完成。不同于技术风险是从风险因素角度界定，费用和进度风险更多是从风险损失角度界定。在信息化战争条件下，国防需求不断增长，而国防经费有限，费用和进度风险常常是航天装备研制所要面临的重要问题。

（3）费用和进度风险产生的原因是多方面的，有的是因为预算不合理，也就是在项目一开始就定下了不合理的费用/进度目标，从而埋下了该项目费用/进度高风险的隐患；有的是由各个项目之间互相制约影响造成的，航天装备研制涉及众多子项目，这些子项目彼此影响制约，完全存在一个项目费用/进度影响另一个子项目的情况；也有的是论证不充分、系统描述不充分；还有的是费用/进度的历史数据不全，缺乏将费用/进度历史数据与现行研制项目联系起来的正确方法，等等。

（4）计划风险是指在航天装备研制生产过程中，由于计划管理工作不当或失误引起的风险。航天装备研制生产是一项复杂的系统工程，由于主客观条件的发展变化，一旦出现方案论证不充分、所选研制单位技术和工艺水平不符合要求、协作配合关系处理不当、计划调度工作不及时等问题，就可能引起费用增加、进度延迟，甚至性能、质量等关键指标降低等风险，进而造成有形或无形的损失，这就是计划风险。航天装备研制生产中计划风险的存在，客观要求航天装备项目管理过程中加强论证等各项工作，确保制订科学有效可执行的工作计划。

（5）保障性风险是指航天装备在研制和使用中由于不具备特定保障条件而产生的风险。航天装备研制、生产与使用都要求有一定的条件保障，一旦特定保障条件得不到满足，就会直接影响项目进展，从而造成损失。例如，当人员配备和培训、设备供给和安装、技术资料和文件的供给、产品的可靠性和安全性的技术储备达不到任务要求时，就会出现保障性风险。

认识和把握风险的不同类型，有助于我们后续开展风险识别工作，也有助于我们在风险管理过程中针对不同风险类型采取不同的应对措施，进而不断提升风险管理效率。

第四节　风险管理的概念、原则及过程

对风险管理正如对风险的理解一样，不同的组织、不同的专家有不同的认识。我们可以从理论与实践操作两个层面出发，加深对其的认识和把握。

一、风险管理的概念

风险管理是针对风险开展的用以管理和控制风险的一系列活动，是识别、确定和度量风险，并制定、选择和实施风险处理方案的过程。至于风险管理的一系列活动具体包括什么，认识则不尽相同。第一次世界大战结束后，德国人提出了风险管理，强调风险管理重在风险的控制、风险的分散、风险的补偿、风险的转嫁、风险的预防、风险的回避与抵消等。而美国国防部认为，风险管理是指应付风险的行动或实际做法，它包括制定风险问题规划、评估风险、拟定风险处理备选方案、监控风险变化情况和记录所有风险管理情况。

从系统和过程的角度来看，风险管理是一种系统过程活动，是工作管理过程中的有机组成部分，涉及诸多因素，是应用到许多系统工程的管理技术与方法。基于此，人们总结出了风险管理的定义：风险管理是指管理组织对事物发展可能遇到的风险进行规划、识别、估计、评价、应对、监控的过程，是以科学的管理方法实现最大安全保障的实践活动的总称。理解风险管理的定义，需要把握以下几点。

（一）风险管理主体

风险管理的主体是指从事风险管理的组织或个人，这里的组织既包括正式组织，如企业、政府，也包括非正式组织，如项目组、家庭等。风险管理主体重点回答和解决"谁来管"的问题。根据在风险管理中发挥作用的不同，风险管理主体包括组织者与参与者。组织者往往是组织或项目的负责人，或者负

责机构，参与者则是组织的所有成员，甚至组织外部与项目有利益关系的人员也包括在内。风险管理主体是风险管理各类活动的策划者、实施者，其能力、素质直接决定了风险管理效果，提升风险管理效果与水平，必须注重加强风险管理主体能力水平的培养与提升。

（二）风险管理客体

风险管理客体是指风险管理的对象，风险管理客体重点回答和解决"管什么"的问题。一般而言，风险管理的对象包括人、财、物、技术、管理、环境等各个方面。风险管理的核心工作包括风险管理计划、风险识别、风险估计、风险评价、风险应对、风险监控以及由于风险应对而导致的项目变更。

（三）风险管理工具

风险管理工具是指风险管理活动中，风险管理主体管理客体运用的方法和手段。风险管理工具重点回答和解决"怎么管"的问题。现代经济活动面临的风险，无论是其来源、形成过程，还是其影响机制、范围和结果，都具有错综复杂性，这就注定了采取单一的管理技术或单一的工程技术、财务、组织、教育和程序措施都有局限性，客观要求管理方综合运用多种方法、手段和工具进行系统管理，以实现花费较少的成本将各种不利后果降到最低的目标。

（四）风险管理目标

风险管理目标是指通过开展风险管理活动想要实现的目的。风险管理目标重点回答和解决"管成什么样、管得怎么样"的问题。一般而言，风险管理的目标是以尽可能少的成本去控制和处理风险，降低风险不确定性，减少和防止损失，保障项目的顺利进行。风险管理目标不仅局限于经济方面，所有有助于实现组织者利益增加的，也构成广义上的风险管理目标。

总之，风险管理是组织者综合运用各类方法工具，通过开展风险识别、评价、应对等活动，对风险实施有效控制和妥善处理，以达到以较低成本获得最大安全保障的目标。一般意义上讲，对于航天装备而言，其风险管理是在装备寿命周期内反复循环的过程，要求在航天装备整个寿命周期内不断识别和控制风险，不断做出决策。

二、风险管理的原则

经济主体进行一系列风险管理活动，其首要目标就是减少或避免项目损失的发生。在管理实践中，降低风险损失，或者避免风险事件发生主要遵循以下几个原则。

（一）预防为主原则

风险管理的目的是减少经济活动的成本，避免损失，这种作用的发挥体现在事后，更体现在事前。也就是要在经济活动开展之前积极进行风险规划，开展风险识别，制定应对预案，尽量将事故隐患消灭在萌芽状态，避免事故发生后被动应对局面的情况出现。

（二）经济原则

风险管理作为有目的的经济活动，必须遵循人类经济活动的一般性原则，即在收入既定下追求成本最小。风险管理活动开展时的计划编制、识别、分析、监控和处置都需要相应的资源保障，消耗资源就要考虑成本，力争以科学合理的处置方式把风险管理的各项支出费用降到最低，通过尽可能低的成本，达到项目的安全保障目标。经济原则，也可以称为风险管理成本最小原则。判断某项风险管理是否符合经济原则，最简单的方法就是比较风险管理成本是否小于经济主体可能面临的有形与无形风险损失，也就是风险管理的各类支出要小于其所能避免的损失。

（三）"二战"原则

"二战"原则即战略上蔑视而战术上重视的原则。对于一些风险较大的活动，在风险发生之前，对风险的恐惧往往会造成人们心理和精神上的紧张不安，这种忧虑心理会严重影响工作效率并阻碍积极性。这时应通过有效的风险管理，让大家确信，活动虽然具有一定的风险，但风险管理部门已经识别了全部不确定因素，并且已经妥善地做出了安排和处理，这就是战略上蔑视。而风险管理部门则要坚持战术上重视的原则，即认真对待每个风险因素，不能松懈。

（四）与时俱进原则

风险管理要随项目的进展而变化，如在项目执行过程中，项目的时间、费用等约束有重大变化时，相对于这些约束的风险也要重新评估。不同的风险可能只存在于项目的某一阶段，因此，要按阶段对风险进行管理。同样，风险的承担者也只在特定的时间内才承担这些风险。与时俱进原则要求风险管理要能够根据项目的具体进展不断做出决策。

三、风险管理过程

风险管理目标的实现除需要遵循特定原则外，还需要开展一系列具体活动落实这些原则。从系统过程的角度来看，可以将不同阶段开展的风险管理活动称为风险管理过程。各国有关机构和组织构造了各自的项目风险管理过程结构，从这些过程结构中，我们可以窥见风险管理活动的主要内容，即干什么。

（一）美国国防部的风险管理过程

美国国防部在2006年颁布了《国防部采办风险管理指南》，其中将风险管理过程设计成一个简洁的闭环系统，如图1-2所示。

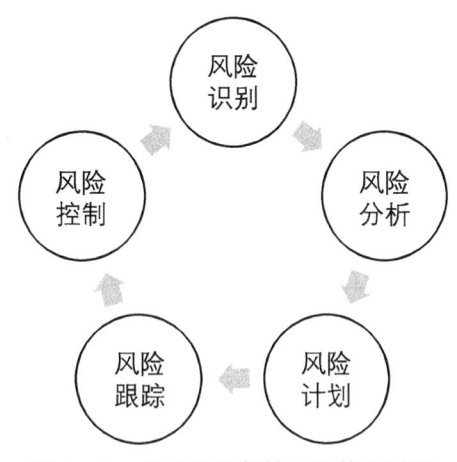

图1-2 美国国防部的风险管理过程

（二）欧洲航天局的风险管理过程

欧洲航天局把工程项目风险管理过程分为4个步骤与9项任务。4个步骤分别为确定风险管理实施目标、识别和评估风险、决策和采取措施、监测传递和接受风险。9项任务包括制定风险管理政策、准备风险管理计划、确认具体风险、评估风险、判断风险是否可以接受等，具体如图1-3所示。

（三）我国风险管理过程

我国对项目风险管理的研究虽然起步较晚，但通过学习、吸收、引进、创新，形成了较为完整的理论与方法体系，特别是在大型建设工程、经济和金融

```
第1步                 任务1：制定风险管理政策
确定风险管理实施目标    任务2：准备风险管理计划

第2步                 任务3：确认具体风险
识别和评估风险         任务4：评估风险

第3步                 任务5：判断风险是否可以接受        风险管理周期
决策和采取措施         任务6：降低风险
                     任务7：推荐接受

第4步                 任务8：监控和交流风险
监测传递和接受风险     任务9：提交风险以备接受（如果不
                             被接受，返回任务6）
```

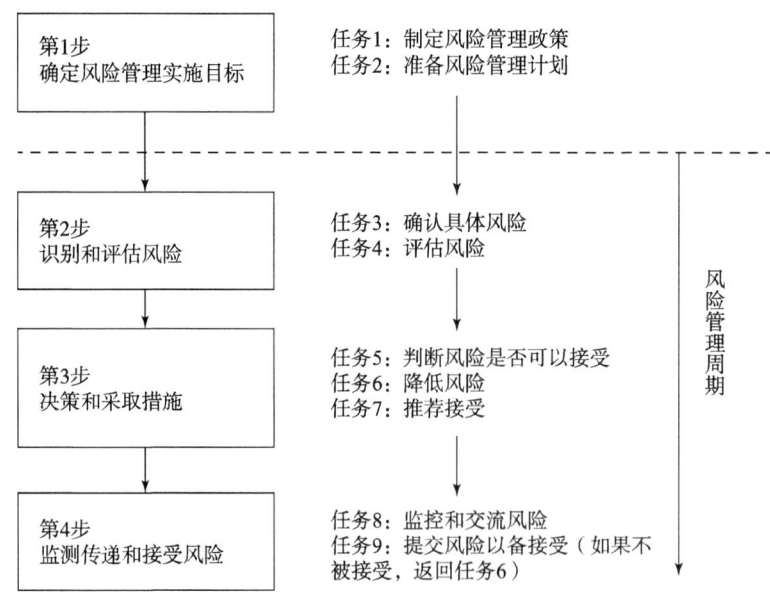

图 1-3 欧洲航天局的风险管理过程

领域、航天项目研制等各个不同的专业领域，研究成果丰富并已经推广到国民经济的各种领域。

毕星、翟丽主编的《项目管理》一书把项目风险管理的阶段划分为风险识别、风险分析与评估、风险处理、风险监控 4 个阶段，并对风险管理的方法进行了总结。陈翔的《项目管理（第 3 版）》根据我国项目管理的情况，特别是结合大型高风险项目的实践，将项目风险管理的阶段分为风险规划、风险识别、风险估计、风险评价、风险应对、风险监控 6 个阶段，强调要实现对项目风险全过程的动态管理。在吸收借鉴已有研究成果的基础上，陈翔又在该书中将风险管理的阶段概括为 5 个阶段，即风险规划、风险识别、风险评估、风险应对和风险监控。

1. 风险规划

风险规划是指风险管理组织者在任务或项目启动前对任务或项目面临的风险进行全面分析、统筹考虑、系统规划和顶层设计的过程。其基本任务是在风险形势估计的基础上，选定行动方案，选择适用于已选定行动方案的风险规避策略。风险规划的最终成果是形成包括风险形势估计、风险管理计划、风险规避计划等在内的风险管理规划文件，详细说明风险识别、风险评估、风险应对和风险监控过程中风险管理的主要环节，是做好项目风险管理的指导纲要。

2. 风险识别

风险识别往往被认为是风险管理的起点和首要任务，是指运用一定方法对任务或项目实施过程中可能遇到（面临的、潜在的）的所有风险源和风险因素进行甄别与发现，对找出的所有风险因素进行判断、归类，并对其影响后果作出初步定性的估计，最终以风险识别清单的方式呈现，以供下一步风险评估使用。

风险识别是确定可能影响任务或项目的风险因素，并对其进行科学分类、整理归档（风险描述）的活动。风险识别的基本任务是识别风险来源、确定风险事件、判断风险损失、描述风险征兆。组织者进行风险识别，不仅要通过感性认识和经验进行判断，更重要的是依靠对类似工作的各种客观统计资料和风险记录进行分析、归纳和整理，从而发现各种风险的损失特征及规律。

3. 风险评估

风险评估是指在风险识别的基础上，对组织面临各类风险发生的概率和影响程度进行估计和评价。风险评估的基本任务是明确项目中各种风险发生的可能性和破坏程度的大小，以确定项目风险整体水平和风险等级。风险评估具体可以分为风险估计和风险评价两部分。风险估计，是指在系统研究项目风险背景信息的基础上，详细研究已辨识项目中的关键风险，使用风险估计方法和工具，确定单个风险的发生概率及其后果。风险评价则是在明确风险评价基准的前提下，使用风险评价方法，确定项目整体风险水平，使用风险评价工具挖掘项目各风险因素之间的因果联系，作出项目风险的综合评价，确定项目风险状态及风险管理策略。

4. 风险应对

风险应对是指在风险识别、评估的基础上，依据风险管理计划、风险程度排序、风险认知等提出的风险处置意见和方法，包括减少、避免、消除风险事件发生的机会，限制已发生损失的继续扩大，重点是改变引起风险事件和扩大风险损失的各种条件。应对风险时，可以从改变风险后果的性质、风险发生的概率或风险产生的后果大小三个方面提出多种策略，如预防、减轻、转移、回避、接受和储备措施，而每种都有侧重点，具体采取哪一种或哪几种则取决于项目的风险形势。

5. 风险监控

风险监控是指为确保风险管理预期目标实现，而对风险规划、识别、评估、应对等实施的全过程监视和控制。风险监控的基本任务是跟踪已识别的风险，监控残余风险，识别新的风险，保证风险计划的执行并时刻评估风险规划对降低和规避项目风险的有效性。实践证明，进行风险监控可以检查风险管理的实际结果与风险规划的差异，寻找机会改善和细化项目风险规划。

与国外风险管理过程理论相比，我国学者对风险管理过程的认识，具有以下几个特点：一是符合人们对事物认识的思维规律，强调从宏观上把握项目风险的总体特征和管理需求；二是符合现代管理要求，指出管理者的基本素质，对管理问题应有合理规划与周密安排；三是体现了系统管理的思想，实现了对项目风险的全系统全寿命管理。这些是包括航天装备在内的现代大型工程项目管理的显著特点和根本要求。

本 章 小 结

本章在论述加强风险管理重要性的基础上全面深入论述了风险的内涵及其特点，分析了风险要素构成，归纳了风险的主要类型，阐述了风险管理的概念、目标、原则、范畴及其过程等基本问题，为学习后续章节打下了坚实的理论基础。

思 考 题

1. 结合风险理论的一般性谈谈航天系统面临的各种风险有哪些。
2. 结合当前理论界关于风险管理过程的论述谈谈你对航天装备风险管理主要过程的认识。

第二章

风险识别

学习目标

通过学习本章,学生应能简单了解风险识别的概念及其特点,重点把握不同风险的来源及其产生机理,掌握风险识别的过程和主要活动,了解常用的风险识别方法,为开展航天装备风险识别工作打下基础。

主要内容

(1) 风险识别概述;
(2) 风险识别过程与活动;
(3) 风险识别方法。

风险识别是航天装备风险管理的基础和重要组成部分。进行风险管理之前，首先要识别风险、确认风险。风险识别的目的是找出可能存在的风险，对每种风险的特征进行描述并记录成文档。

第一节 风险识别概述

风险识别是对活动面临的和潜在的风险因素加以判断、归类和对风险性质进行鉴定的过程。风险识别是风险管理过程的关键环节，后续的风险管理过程都是围绕着一个个找出的风险来展开的，风险识别过程通常不是一次性的，而是一个反复的过程，需要进行多次循环才能确定。

一、风险识别概念

风险识别是组织管理者识别风险来源、确定风险发生条件、描述风险特征并评价风险影响的过程。在风险识别过程中，需要确定三个相互关联的因素。

（1）风险来源，即导致风险事件发生的深层次原因，具体可以从人员、技术、制度、环境等多个层面分析寻找。

（2）风险事件，即给项目带来消极影响的事件。风险事件是指造成生命、财产损害的偶发事件，是造成损害的直接原因。一般来讲，只有通过风险事件的发生，才能导致损失。风险事件意味着风险的可能性转化成了现实性。对于某一事件，在一定条件下，如果它是造成损失的直接原因，它就是风险事件；而在其他条件下，如果它是造成损失的间接原因，它便是风险因素。

（3）风险征兆，是风险因素、风险事件的外在或事先的典型性迹象。风险识别过程中，往往可以通过一些明显的典型性迹象分析出风险源，提前采取措施防止风险事件发生。从某种程度上讲，发现风险征兆是风险识别的捷径。

总之，风险识别是确定可能影响项目的风险因素，并对其进行科学分类、整理归档（风险描述）的活动。实践中，风险识别的过程，就是回答"什么是不正常？""会不会发生？""后果是什么？"这三个问题的过程，深层次讲，风险识别就是识别风险三要素以及处理风险三要素关系的过程。风险识别的结果通常以文档的形式展示出来，如表2-1所示的风险识别清单就既方便人们识别风险，也有利于加强对于风险的管控。

表 2-1 风险识别清单

一级风险	二级风险	风险类别 风险事件现状描述	风险点编号	风险评估 风险发生的可能性（1~5分）	风险的影响程度 财务影响（1~5分）	对日常管理的影响（1~5分）	法律影响（1~5分）	风险级别（极低、低、中、高、极高）
单位层面风险	内部控制工作组织	未确定内部控制职能部门或牵头部门，导致内部控制工作无法发展	GZZZ.F01					
		未建立单位各部门在内部控制中的沟通协调和联动机制，导致内部控制无法有效执行	GZZZ.F02					
	内部控制机制建设	经济活动的决策、执行、监督未能有效分离，导致出现利益冲突，影响内部控制整体有效性	JZJS.F01					
		内部机构权责不对等，导致无法履行职责或者职权被滥用	JZJS.F02					
		未建立健全议事决策机制，导致决策失误	JZJS.F03					
		未建立健全岗位责任制，导致职责不清	JZJS.F04					

二、风险识别的原则

风险识别是风险管理的基础，能够为风险评估、风险应对、风险监控等各项风险管理工作提供必要的信息，提高风险管理工作的科学化和系统化。为确保风险识别过程的全面和高效，需要遵循以下原则。

（一）系统性原则

系统性原则是指在风险识别的过程中要运用系统思维，充分考虑风险的复杂性，注重分析各因素间的内在联系，避免局限于某个方面、某个环节、某个部门。贯彻风险识别系统性原则，要求开展风险识别工作时，应该全面系统地考察、了解各种风险因素、风险事件存在和可能发生的概率以及损失的严重程度，避免因主观因素而遗漏风险因素，尤其是重大风险因素、风险事件。贯彻风险识别系统性原则，要求详细制订风险识别计划，严格遵守风险识别制度、程序，综合运用各种风险识别方法。例如，从时间和空间角度进行风险识别，等等。

（二）经济性原则

经济性原则是指在风险识别时要考虑经济效益，也就是在资源有限的情况下，风险识别要有所侧重，量力而行。风险识别的目的就在于为风险管理提供前提和决策依据，以保证企业、单位和个人以最少的支出来获得最大的安全保障，减少风险损失，因此，在经费限制的条件下，必须根据实际情况和自身的财务承受能力，聚焦重点。重点识别发生概率高、风险损失大的风险。另外，为提高风险识别效率，要优先选择效果最佳、经费最省的识别方法。贯彻风险识别经济性原则，要求组织在风险识别和衡量的同时，应将风险识别活动所引起的成本列入财务报表，做综合的考察分析，以保证用较少的支出来换取较大的收益。

（三）制度化原则

风险的识别和衡量是一个连续不断的、制度化的过程。风险识别制度化原则是指针对风险识别经常性、持续性，以及参与人员多的特点，强调要有相应的制度明确风险识别程序，明确风险识别依据，明确不同人员职责，以确保风险识别工作能够持续、稳定地开展。

三、风险识别的依据

风险识别的依据包括航天装备全寿命风险管理在内的各类风险识别的依据，主要包括项目规划、装备风险管理计划、风险种类、历史资料。

（1）项目规划。包括航天装备发展在内的各类项目规划中的项目目标、任务、范围、进度计划、费用计划、资源计划、采购计划以及项目承包商、业主方和其他利益相关方对项目的期望值等都是装备风险识别的依据。

（2）装备风险管理计划。航天装备风险管理计划是规划和设计如何进行装备风险管理的过程，它定义了项目组织及成员风险管理的行动方案和方式，指导项目组织选择风险管理方法。航天装备风险管理计划是针对整个项目周期制订如何组织和进行风险识别、风险评价以及风险应对、监控的计划。

（3）风险种类。风险种类是指那些可能对项目产生负面影响的风险源。一般而言，风险种类是依据项目所在行业及应用领域的特征进行划分的，因此，掌握了各种风险种类的特征规律，也就掌握了风险识别的钥匙。

（4）历史资料。航天装备风险识别的重要依据之一就是历史资料，即从本项目或者其他相关项目的档案文件中、从公共信息渠道中获取对本项目有借鉴作用的风险信息。以前项目积累的各类资料是开展风险识别可以依赖的有效资源，能够大大提高风险识别的准确性、及时性。

第二节　风险识别过程与活动

风险识别是风险管理者识别风险因素，确定风险发生条件，描述风险特征，并评估风险影响的过程。风险识别是整个风险管理的基础。风险识别是一项复杂而细致的工作，需要按照一定的程序和步骤，采用各种方法，分阶段、分层次地分析各种现象，并做出客观评估。

一、风险识别过程

风险识别过程就是通过特定活动，发现风险、确认风险从而将项目面临的不确定性转变为可理解风险特征的过程。如果将风险识别过程看作一个系统，可以从输入、机制、控制和输出四个层面来认识和把握。

（一）过程输入

过程输入指的是风险识别活动开展的依据、面临的形势，一般包括风险规划、不确定性、知识、顾虑和问题。

（1）风险规划是指在项目正式启动前或启动初期，对项目面临风险的一个统筹考虑、系统规划和顶层设计的过程，具体涉及定义项目组及成员风险管理的行动方案及方式，选择合适的风险管理方法，确定风险判断的依据等，是做好项目风险管理的指导纲要。

（2）不确定性是指我们所不知道的事，是我们假定和怀疑的一部分，项目的一次性特点决定了项目包含一定程度的不确定性。

（3）知识是指利用自己以前在工程系统方面的经验和当前项目的知识来识别项目风险。

（4）顾虑是指我们害怕的事，会引起担心、不安，这些经常与风险发生关联。

（5）问题是指对其他人来说尚未解决的事，当问题和顾虑出现多种折中方式使人难以抉择时，顾虑和问题就有可能演变成风险。

（二）过程机制

过程机制是为风险识别过程活动提供的方法、技巧、工具或其他手段，风险核对清单、风险评估、风险管理表单和风险数据库构成了风险识别过程的机制。

（1）风险核对清单包括与风险核对主题相关的典型风险区域。风险核对清单能通过各种形式识别风险，如合同类型、成熟度级别、生命周期模型、开发阶段、组织结构、项目大小、应用域或技术，它们帮助在指定区域完全识别风险。

（2）风险评估是风险识别的一种严格方法，它在类似面试性质的会议上使用结构化的风险核对清单。

（3）风险管理表单是一个通过填空的模板系统地处理风险的机制。

（4）风险数据库是一个已知风险和相关信息的仓库，它将风险输入计算机，并分配下一个连续的号码给这个风险，同时维持所有已识别风险的历史记录。

（三）过程控制

项目资源、项目需求和风险管理能力调节风险识别过程。成本、时间和人员等项目资源将限制风险识别的范围。当成本有限时，可以用更经济的方法来识别风险；当时间不够时，可以使用更快的方法来识别风险；当人员不够时，可以邀请更少的人来参与识别风险。如果因为项目资源不足而采取了缩减措施，就会存在危及过程效果的风险。

合同的需求和组织标准对项目需要在何时实施风险识别有一定的影响。组织标准要求在评审项目时报告风险，故可以从组织标准中定义风险识别的需求。合同的需求能直接说明风险评估的需求。风险管理计划详细说明了谁有责任和权力进行风险管理活动。

（四）过程输出

风险识别过程的输出是风险描述和与之相关的风险场景的输出。风险描述是用标准的表示法对风险进行简要说明，如风险来源表、风险征兆、风险类别，以及项目风险发生的可能性、将会产生的后果和影响等，风险描述的价值在于建立了对风险认识的基础。风险场景提供了与风险描述相关的间接信息，如事件、条件、约束、假定、环境、有影响的因素和相关问题等。

（1）风险来源表。风险来源表中将所有已识别的项目风险罗列出来，并将每个项目风险来源加以说明。至少包括如下说明：风险事件的可能后果、风险事件的预期、风险事件发生频数等。

（2）风险征兆。有时也被称为触发器（Triggers）或预警信号，是指示风险已经发生或即将发生的外在表现，是风险发生的苗头和前兆。例如，项目管理没有按照计划程序执行，或项目组成员矛盾重重，沟通欠缺，组织混乱，关键资源没有应急获取措施等都是项目风险的触发器。

风险识别过程各要素及其关系如图2-1所示。

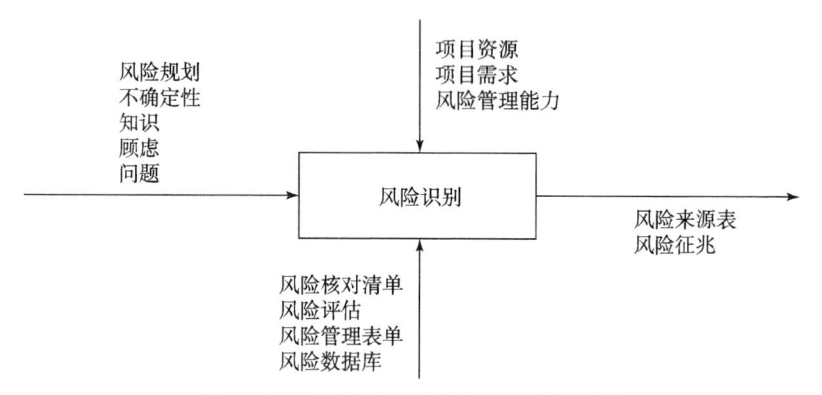

图2-1 风险识别过程各要素及其关系

二、风险识别活动

一般而言，风险识别过程分为六步：第一步，确定风险识别对象；第二步，明确人员分工；第三步，收集并处理与风险有关的信息；第四步，风险因素识别；第五步，预测风险事件的发展过程和结果；第六步，编写风险识别文档。

（一）确定风险识别对象

确定风险识别的对象时要对拟开展风险识别的对象有一个宏观的认识与了解，包括其构成、流程等，一般采取工作分解结构，对项目各个阶段的主要工作进行分解，细化风险识别对象。此处要求工作分解要细分到一定程度，以保证风险识别的全面性，避免遗漏。

（二）明确人员分工

风险识别不是部分人的工作或者说职责，高效的风险识别需要项目组集体共同参与。在此前提下，进一步提升风险识别效率，组织者还要依据项目类型的差别、项目组性质的不同、项目风险管理的范围和重点，确定参与项目风险识别人员的任务分工，包括项目组的核心人员、高层管理人员、职员以及为项目风险识别提供信息的所有成员。参与风险识别的所有人员都应具有经营及技术方面的知识，了解项目的目标及面临的风险。所有人员必须具有沟通技巧和团队合作精神，要善于分享信息，这对项目风险识别是非常重要的。

（三）收集并处理与风险有关的信息

风险识别需要建立在大量的数据基础上，数据和信息不完备常常会引发风险。在实际中，收集并处理和风险有关的信息一般是很困难的，但风险事件不是孤立的，经常存在一些相关信息。一般而言，风险识别应该收集的资料大致有以下几类。

一是项目产品或服务的说明书。项目产品或服务的性质具有多种不确定性，在某种程度上决定了项目可能遇到什么样的风险。因此，识别项目的风险可以从识别产品或服务的不确定性入手，而项目产品或服务的说明书可以为我们提供大量风险识别所需的信息。

二是项目的前提、假设和制约因素。可从审查项目其他方面的管理计划来得到项目所有的前提、假设和制约因素。具体包括项目范围管理计划、人力资源与沟通管理计划、项目资源需求计划、项目采购与合同管理计划，等等。

三是与本项目类似的案例。借鉴过去类似项目的经验和教训是识别项目风险的重要手段。公司通常会积累和保存所有项目的档案，其中有项目的原始记录等。通常可以通过查看项目档案、阅读公开出版的资料、采访项目参与者等多种渠道来获得经验并总结教训。

（四）风险因素识别

如果前三步是准备工作，那么这一步就是风险识别工作的主要内容。具体就是结合风险对象的特性和项目组的具体情况，选择相应的识别技术与工具，确定项目不同阶段、不同环节的不确定性事件，根据不确定事件初步识别项目风险因素，并对识别出的风险因素进行分类，归纳总结有显著影响的关键风险因素。

(五) 预测风险事件的发展过程和结果

结合实践经验对分类后的风险事件进行推断预测，分析风险因素和风险后果之间的影响关系，揭示风险因素对风险后果的作用机理，判断风险何时发生以及引发其发生的因素何时会出现，以何种形式出现，发生后将如何发展以及可能产生什么结果等。

(六) 编写风险识别文档

在实践中，风险识别的成果以风险识别清单、风险识别报告等文档形式呈现出来。风险识别文档，是用标准化的语言对已经识别出来的风险事件从风险症状、风险触发器、何时何地发生、怎样发生及原因等进行的详细陈述。各类风险识别文档，既是本次风险管理后续活动的输入，也是以后类似项目开展风险识别的难得资料。

需要强调的是，风险识别活动乃至后续其他风险管理活动，都不是一次性的工作，而是一个不断迭代的过程，需要由项目活动各参与方，在项目的每个阶段、每个活动中持续进行。

三、风险识别框架

确定风险识别对象、明确人员分工、收集并处理与风险有关的信息、风险因素识别、预测风险事件的发展过程和结果、编写风险识别文档等之后，可以将项目面临的不确定性转变为对已识别风险的详细描述，从而为风险管理后续环节的开展提供必要依据。在具体实施过程中，每一个步骤都有反馈环节，而且在得到风险识别结果后，还需要充实、修正风险识别的各项输入依据。经过不断迭代，能够使风险的识别更加准确和完善。

第三节 风险识别方法

在风险管理实践中，人们需要综合利用一些专门技术和工具，以保证高效率地识别风险且不发生遗漏，这些方法包括德尔菲法、头脑风暴法、检查表法、情景分析法、故障树分析法等。风险识别总体框架如图 2-2 所示。

第二章　风险识别

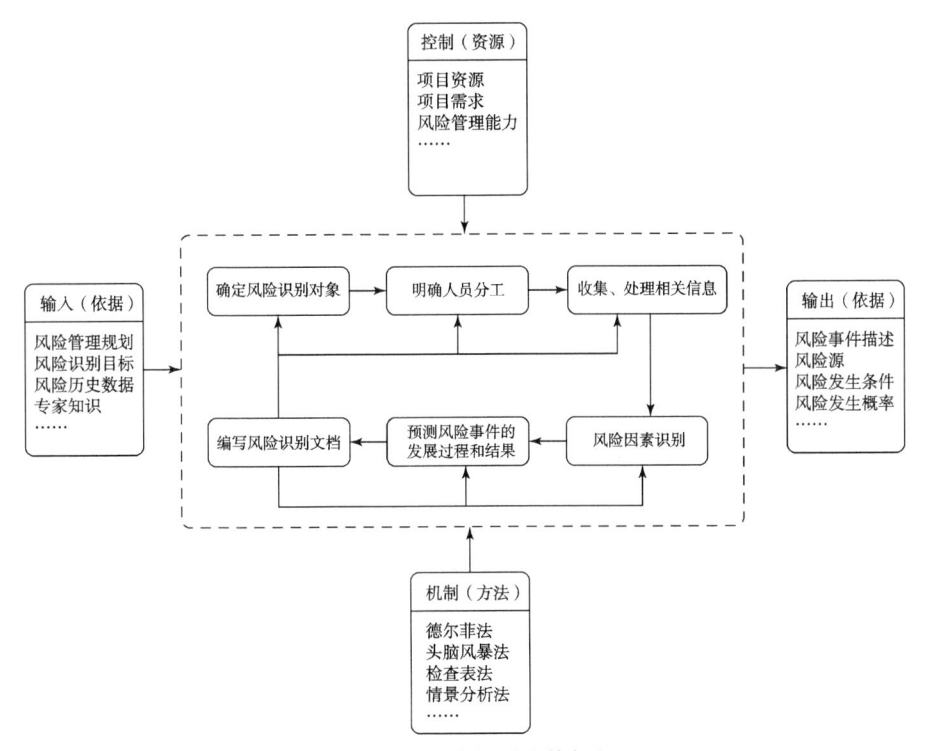

```
                    ┌─────────────┐
                    │ 控制（资源） │
                    │ 项目资源     │
                    │ 项目需求     │
                    │ 风险管理能力 │
                    │ ……          │
                    └──────┬──────┘
                           │
    ┌─────────────┐   ┌────┴─────────────────────────────┐   ┌─────────────┐
    │ 输入（依据）│   │ ┌──────────┐ ┌────────┐ ┌──────────┐ │   │ 输出（依据）│
    │ 风险管理规划│   │ │确定风险  │→│明确人员│→│收集、处理│ │   │ 风险事件描述│
    │ 风险识别目标│→ │ │识别对象  │ │分工    │ │相关信息  │→│   │ 风险源      │
    │ 风险历史数据│   │ └──────────┘ └────────┘ └─────┬────┘ │   │ 风险发生条件│
    │ 专家知识    │   │      ↑           ↑           ↓      │   │ 风险发生概率│
    │ ……         │   │ ┌──────────┐ ┌────────────┐ ┌──────┐│   │ ……         │
    └─────────────┘   │ │编写风险  │←│预测风险事件│←│风险因│ │   └─────────────┘
                      │ │识别文档  │ │的发展过程和│ │素识别│ │
                      │ └──────────┘ │结果        │ └──────┘ │
                      │              └────────────┘          │
                      └──────────────────┬───────────────────┘
                                         │
                                  ┌──────┴──────┐
                                  │ 机制（方法） │
                                  │ 德尔菲法     │
                                  │ 头脑风暴法   │
                                  │ 检查表法     │
                                  │ 情景分析法   │
                                  │ ……          │
                                  └─────────────┘
```

图 2-2　风险识别总体框架

一、咨询法

咨询法是一种主观、间接的风险识别方法，一般是指向组织内部和外部的资深专家进行关于风险的咨询，有助于找出那些在常规计划中没有被识别的风险。根据组织方式的不同，咨询法具体分为两种，即德尔菲法和头脑风暴法。

（一）德尔菲法

德尔菲法是一种反馈匿名函询法。项目风险管理专家以匿名方式参与此项活动。主持人用问卷征询大家对于重要项目风险的看法，将结果汇总后，交给专家们传阅，请他们给出评价。此项过程进行若干轮后，就可以得出关于主要项目风险的一致看法。其过程可简单表示如下：匿名征求专家意见→归纳、统计→匿名反馈→归纳、统计……，若干轮之后，停止。德尔菲法操作流程如图2-3所示。

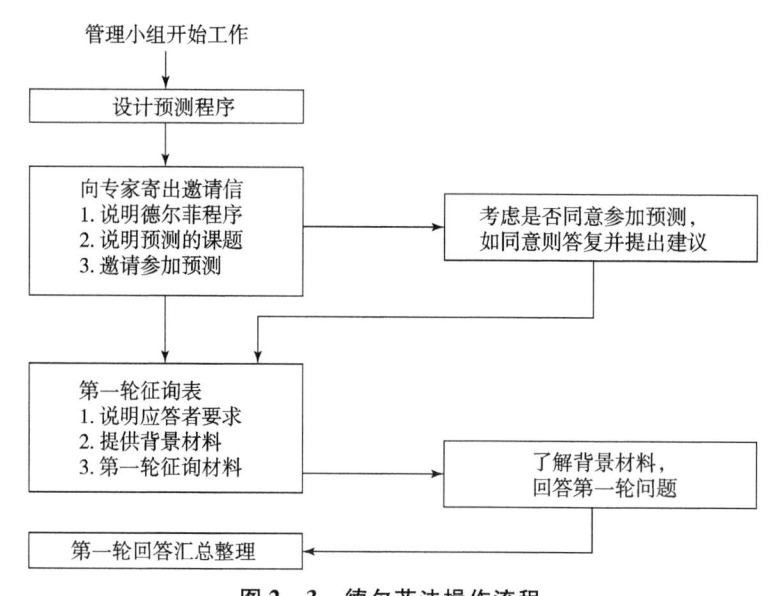

图 2-3　德尔菲法操作流程

德尔菲法有助于减少数据传输中的偏倚并防止任何个人对结果不适当地处理而对最终结果产生过大的影响。

（二）头脑风暴法

头脑风暴法是项目管理中比较常用的方法，也是风险识别技术中最常用的方法。

头脑风暴法也称集体思考法，是以专家的创造性思维来获得未来信息的一种直观预测和识别方法。此法由美国人奥斯本于 1939 年首创，自 20 世纪 50 年代起就得到广泛应用。头脑风暴法的应用步骤可分为三个阶段：准备阶段、热身阶段和正式阶段。准备阶段包括确定议题、选择参加人员、准备材料等；热身阶段通过轻松的话题打破僵局，建立信任；正式阶段则是核心的创意产生阶段，鼓励自由发言，记录所有想法。

头脑风暴法的四大原则包括自由思考、延迟评判、以量求质、结合改善。自由思考是指鼓励参与者毫无顾忌地提出任何想法；延迟评判是指在讨论过程中不对任何想法进行立即评价；以量求质是指通过大量的想法来提高创意的质量；结合改善则是对提出的想法进行整合与优化。

头脑风暴法常用于解决组织中的新问题或重大问题，如产品开发、市场营销策略等。它能够激发团队的创新思维，促进跨部门合作，提高决策的质量和效率。

　　头脑风暴不仅可用于寻找风险、认识风险，只要是需要大家的经验和意见的情况，都可以用头脑风暴法来达到目的。用头脑风暴法进行风险识别的结果是可以得到一份全面的风险清单，这份风险清单列出的是各种单独的风险。

二、检查表法

　　检查表法是将可能发生的许多潜在风险列于一个表上，供识别人员进行检查核对，用来判别某项目是否存在表中所列或类似的风险。检查表法作为一种快速且有效的风险识别技术，从本质上讲是一种基于经验的分析方法，同时也是一种最基础、最简便的识别风险的方法。检查表法常用于识别与一般工艺设备和操作有关的已知类型的风险、设计缺陷以及事故隐患。

（一）优缺点

　　检查表的英文是 check list，通过字面意思比较容易理解，即先整理出一个列表（list），然后逐个进行检查（check）。这个列表通常是从项目的历史信息、其他类似项目的经验等中获取。检查表法必须充分考虑各种风险分类情况，尽可能详细地列出每种风险类别清单。检查表法的优点：

（1）检查表法由有经验的人员提前编制，集思广益。
（2）简明易懂，易于掌握，实施方便。
（3）可应用于项目的各个阶段。
（4）随科学发展和标准规范的变化，不断完善。

　　在肯定优点的同时，也要看到检查表法的缺点，如需要事先编制大量的检查表，工作量大；同时，因为是人工编制，其质量受编制人员的知识水平和经验影响；另外，受其格式影响，检查表也不能有效地显示各风险因素之间的关系。尤其要看到它不可能列出全部的风险，而且项目组可能会不知不觉地局限于当前的检查表中，而忽略不在检查表项目中的情况。检查表应该在装备风险识别前准备好，并且是一个持续更新的过程，尤其是在项目结束的时候，需要总结使用的经验和教训，把检查表进行更新，以便作为后续项目的参考。

（二）主要内容

　　通常在航天项目的设计阶段，由风险管理人员根据自身项目的特点，借鉴其他已经完成的航天项目经验，将该航天项目可能面临的风险逐一列出，制成表，并根据不同的标准执行分类，对照核对表就容易发现本项目会有哪些风险。检查表中所列的都是历史上曾经发生过的风险，是航天装备风险管理经验的总结，对航天项目管理人员具有开阔思路、启发联想、抛砖引玉的作用。检查表法可以包括以下内容。

（1）航天项目成功或者失败的原因。

（2）航天项目其他方面规划的结果（范围、成本、质量、进度、采购与合同、人力资源与沟通计划等成果）。

（3）航天项目装备或者服务的说明书。

（4）航天项目组成员的技能。

（5）航天项目可用的资源。

具体的检查表法的过程如下。

（1）对问题进行准确表述，确保达到意见统一。

（2）确定资料搜集者和资料来源。

（3）设计一个方便实用的检查表。经过系统的搜集资料，并进行初步的整理、分类和分析，就可以着手制作检查表。

三、情景分析法

情景分析法是通过有关数字、图表和曲线等，对项目未来的某个状态或者某种情况进行详细的描绘和分析，从而识别引起装备风险的关键因素及其影响程度的一种风险识别方法。它注重说明某些事件出现风险的条件和因素，并且还要说明当某些因素发生变化时，又会出现什么样的风险，产生什么样的后果等。

（一）主要功能

情景分析法在航天装备风险识别时主要表现为以下功能。

（1）识别航天项目可能引起的风险性后果，并报告提醒决策者。

（2）对航天装备风险的范围提出合理的建议。

（3）就某些主要风险因素对项目的影响进行分析研究。

（4）对各种情况进行比较分析，选择最佳结果。

（二）主要过程

情景分析法可以通过筛选、监测和诊断，给出某些关键因素对航天装备风险的影响。

（1）筛选。按一定的程序将具有潜在风险的产品过程、事件、现象和人员进行分类选择。

（2）监测。在风险出现后对事件、过程、现象、后果进行观测、记录和分析。

（3）诊断。对航天装备风险及其损失的前兆、风险后果与各种起因进行评价和判断，找出主要原因并进行仔细检查。

图2-4所示为情景分析法描述筛选、监测和诊断关系的风险识别元素。该图表明情景分析法中的三个过程使用了相似的工作元素，即疑因估计、仔细检查和征兆鉴别，只是顺序不同。具体顺序如下。

筛选：仔细检查—征兆鉴别—疑因估计。

监测：疑因估计—仔细检查—征兆鉴别。

诊断：征兆鉴别—疑因估计—仔细检查。

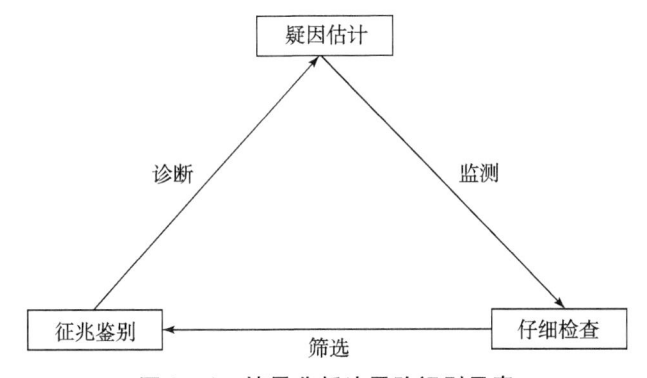

图2-4 情景分析法风险识别元素

四、故障树分析法

故障树分析法是一种演绎的逻辑分析方法，主要遵循从结果找原因的原则，即在前期预测和识别各种潜在风险因素的基础上，运用逻辑推理的方法，沿着风险产生的路径，分析风险发生的概率，进而分析出事件发生的总概率。与其他风险识别方法不同的是，故障树分析法注重由果溯因，由结果一步一步追溯它的根本原因，最初可能分析出的只是一些表面原因，但随着洋葱皮一层层被剥掉，最终可分析出导致这个事故的根本原因。风险识别过程中，可以遵循以下步骤。

（1）确定各类事件。分析会发生什么不希望出现的事。这是故障树分析法的核心步骤。把拟分析的重大风险事件作为"顶事件"，"顶事件"的发生是由于若干"中间事件"的逻辑组合所导致，"中间事件"又是由各个"底事件"逻辑组合所导致。这样自上而下按层次地进行因果逻辑分析，逐层找出风险事件发生的必要而充分的所有原因和原因组合，构成了一个倒立的树状的逻辑因果关系图。例如，事件是桥式起重机作业吊物伤害事故，分析这一事故的原因，是吊运失控同时吊物旁边有人躲避不及引起的，进一步分析吊运失控的原因……以此类推，直至找到所有底事件。

（2）规范化构建故障树。对第一步识别出的比较烦琐、无序的故障树进行规范化、简化和模块化分解。规范化故障树是仅含底事件、结果事件及"与""或""非"三种逻辑门的故障树。

（3）利用布尔代数法求故障树的最小割集，进行定性分析。割集是指故障树中一些底事件的集合，当这些底事件同时发生时顶事件必然发生。最小割集是底事件的数目不能再减少的割集，一个最小割集代表引起故障树顶事件发生的一种故障模式。

（4）分析结果的解释与说明。找出故障树的所有最小割集后，还要对底事件的重要度进行分析，以便找出核心关键原因进行规避。排序的规则如下：

①阶数越少的最小割集越重要。

②阶数相同的最小割集中，在不同的最小割集里重复出现次数越多的底事件越重要。

③在阶数少的最小割集里的底事件比在阶数多的最小割集里出现的底事件重要。

接下来，可以对分析出的各类风险因素、风险事件的影响大小进行排序，从而可以供组织者决策参考。

本 章 小 结

本章的主要任务是分析风险识别概念，理解风险识别就是确定哪些风险事件有可能对项目产生影响，同时，将这些风险事件的特性加以识别并整理成文档的过程；了解项目风险识别的主要依据包括风险管理规划，项目产品或服务描述，风险种类，历史资料，制约因素和假定；重点掌握项目风险识别的基本过程，明确项目风险识别过程：确定目标，明确最重要的参与者，收集资料，估计项目风险形势，根据直接或间接的症状将潜在的项目风险识别出来；了解常用的项目风险识别工具，能够简单运用风险识别工具。

思 考 题

1. 简述风险识别的过程。

2. 分析比较风险识别中的故障树分析法与故障类型及影响分析法。

第三章

风险评价

学习目标

了解风险评价的含义、依据、目的和准则，重点把握风险评价的过程目标、风险评价构成及其活动，了解风险评价的基本思路与主要方法，能够使用至少一种方法分析评价航天领域风险。

主要内容

(1) 风险评价概述；
(2) 风险评价过程；
(3) 风险评价方法。

风险评价是指在风险识别和估计的基础上对组织面临的各种风险进行系统和整体评价,以确定整体风险等级、关键的风险要素及各系统风险之间的关系,可以为风险应对和监控提供依据。本章主要介绍项目风险评价的概述、评价过程、评价方法等内容。

第一节 风险评价概述

风险评价是对项目风险进行综合分析并依据风险对项目目标的影响程度进行项目风险分级排序的过程。

一、风险评价的含义

风险评价是在项目风险规划、识别和估计的基础上，通过建立项目风险的系统评价模型，对项目风险因素影响进行综合分析，并估算出各类风险发生的概率及其可能导致的损失大小，从而找到该项目的关键风险因素，确定项目的整体风险水平，为如何处置这些风险提供科学依据，以保障项目的顺利进行。

二、风险评价的依据

风险评价的依据主要包括以下内容。
（1）风险管理计划。
（2）风险识别的结果。
（3）项目进展状况。
（4）项目类型。一般来说，普通项目或重复率较高项目的风险程度比较低；技术含量高或复杂性强项目的风险程度比较高。
（5）数据的准确性和可靠性。用于风险识别的数据或信息的准确性和可靠性应进行评估。
（6）概率和影响的程度。用于评估风险的两个关键方面。

三、风险评价的目的

风险评价的目的主要包括以下内容。
（1）对项目诸多风险进行比较分析和综合评价，确定它们的先后顺序。
（2）挖掘项目风险间的相互联系。
（3）综合考虑各种不同风险之间相互转化的条件，研究如何才能化解项目风险的客观基础。
（4）进行项目风险量化研究，进一步量化已识别风险的发生概率和后果，减少风险发生概率和后果估计中的不确定性，为风险应对和监控提供依据和管理策略。

四、风险评价的准则

风险评价应遵循一些基本的准则：

（1）风险回避准则。应采取措施有效控制或完全回避项目中的各类风险，特别是对项目整体目标有重要影响的风险因素。

（2）风险权衡准则。风险权衡的前提是假设项目中存在一些可接受的、不可避免的风险，风险权衡准则需要确定可接受风险的限度。

（3）风险处理成本最小准则。

（4）风险成本/效益比准则。

（5）社会费用最小准则。

第二节 风险评价过程

风险评价是在项目风险规划、识别、估计的基础上，进一步对项目风险进行综合分析，确定项目风险整体水平和风险等级。可以从外部和内部两种视角来看待风险评价过程：外部视角详细说明过程输入、机制、控制和输出；内部视角详细说明用机制将输入转变为输出的过程活动。

一、风险评价过程目标

当风险评价过程满足下列目标时，就说明它是充分的。

（1）能有效利用系统分析方法综合分析项目整体风险水平。

（2）确定项目风险的关键因素。

（3）确定项目风险管理的有效途径。

（4）确定项目风险的优先等级。

二、风险评价过程构成

项目风险评价过程如图 3-1 所示。

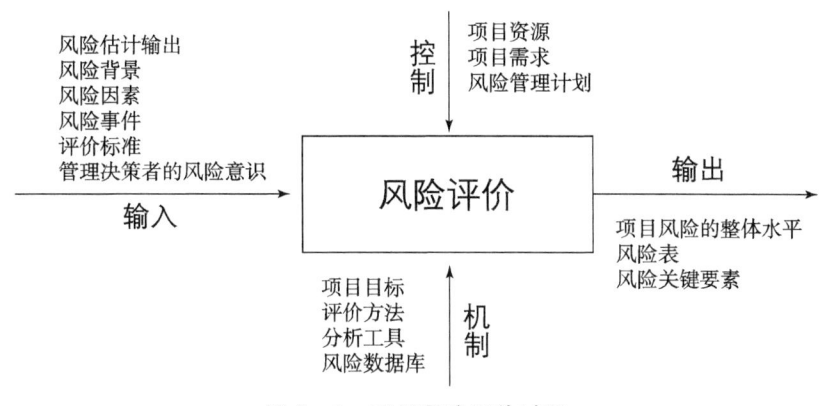

图 3-1 项目风险评价过程

（一）过程输入

风险评价是对项目中的风险进行定性或定量分析，并依据风险对项目目标的影响程度对项目整体风险水平和风险等级进行综合分析的过程。

（二）过程机制

其是指项目目标、评价方法、分析工具和风险数据库是风险估计过程的机制。机制可以是方法、技巧、工具或为过程活动提供结构的其他手段。风险发生的可能性、风险后果的危害程度和风险发生的概率均有助于衡量风险整体影响。

（三）过程控制

其是指项目资源、项目需求和风险管理计划调节风险评价过程，使用的方式与控制风险规划过程相似。

（四）过程输出

其是指项目风险的整体水平、风险表、风险关键要素等是风险评价过程的输出。

三、风险评价过程活动

项目风险评价过程活动是依据项目目标和评价标准将识别和估计的项目风险进行系统分析，明确项目风险之间的因果联系，确定项目风险整体水平和风险等级等所需的任务。风险评价过程活动主要包括以下内容。

（1）系统研究项目风险背景信息。

（2）确定风险评价基准。风险评价基准是针对项目主体每一种风险后果确定的可接受水平。风险的可接受水平既是绝对的，也是相对的。

（3）使用风险评价方法确定项目整体风险水平，项目风险整体水平是综合了所有单个风险之后确定的。

（4）使用风险评价工具挖掘项目各风险因素之间的因果联系，确定关键因素。

（5）作出项目风险的综合评价，从而确定项目风险状态及风险管理策略。

第三节 风险评价方法

风险评价方法一般可分为定性、定量、定性与定量相结合三类，有效的项目风险评价方法一般采用定性与定量相结合的系统方法。风险评价方法包括主观评分法、决策树法、风险图评价法、层次分析法、模糊风险综合评价法、故障树分析法、蒙特卡罗模拟法、外推法等。

一、主观评分法

主观评分法是利用专家的经验等隐性知识，直观判断项目每一单个风险并赋予相应的权重，如0~10中的一个整数，0代表没有风险，10代表风险最大，然后把各个风险的权重加起来，再与风险评价基准进行分析比较。

【例1】某项目要经过5道工序，表3-1列出了已识别出的该项目的前5个风险，试对该项目进行风险评价。

表3-1 主观评分法下的某项风险概况

工序	风险类别					各工序风险权重
	费用风险	工期风险	质量风险	组织风险	技术风险	
可行性研究	5	6	3	8	7	29
设计	4	5	7	2	8	26
试验	6	3	2	3	8	22
施工	9	7	5	2	2	25
试运行	2	2	3	1	4	12
合计	26	23	20	16	29	114

解：(1) 对项目风险进行评分。

利用专家的经验、知识对该项目风险进行评分，其结果参见表 3-1。

(2) 对项目风险进行评价。

1) 将该项目每一道工序的各个风险的权重从左至右累加，其和值放在表最右一栏。

2) 将表 3-1 中各类别的风险评分从上到下累加，其和值放在表各列对应的最下一行。

3) 将表 3-1 中各工序的风险评分从左至右累加，其和值放在最右一列。

二、决策树法

根据项目风险问题的基本特点，项目风险的评价既要能反映项目风险背景环境，同时又要能描述项目风险发生的概率、后果，以及项目风险的发展动态，决策树这种结构模型既简明又符合上述两项要求。采用决策树法来评价项目风险，往往比其他评价方法更直观、清晰，便于项目管理人员思考和集体探讨，因而是一种形象化且有效的项目风险评价方法。

决策树的结构是以方框、圆圈和三角形为节点，由线段连接而成的一种树枝形状的结构。图 3-2 所示是一个典型的决策树结构。

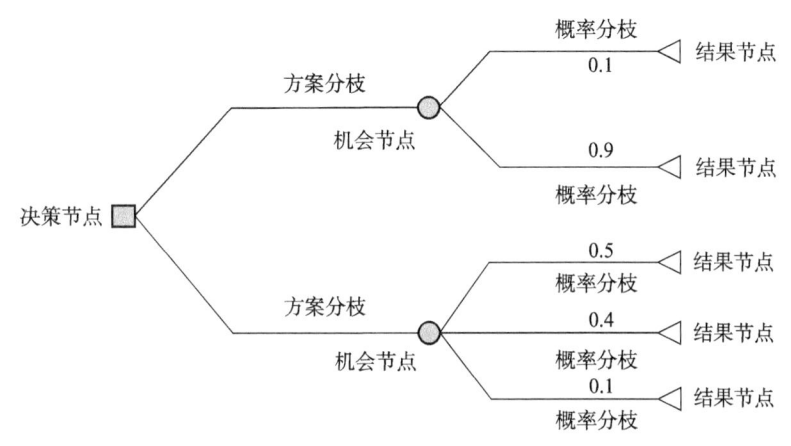

图 3-2 典型的决策树结构

注：▇——决策节点。从它引出的分枝叫方案分枝，分枝数量与方案数量相同。决策节点表明从它引出的方案要进行分析和决策，在分枝上要注明方案名称。

◯——状态节点，也称为机会节点。从它引出的分枝叫状态分枝或概率分枝，在每一分枝上注明自然状态名称及其出现的主观概率。状态数量与自然状态数量相同。

△——结果节点。将不同方案在各种自然状态下所取得的结果（如收益值）标注在结果节点的右端。

三、风险图评价法

风险图是目前最实用、最广泛用于项目风险识别和优先排序的手段。项目风险图是根据项目风险的严重性和发生的可能性来绘制的。

制作风险图时可以使用许多种方法，可以根据部门、过程、关键性业绩指标或根据主要风险类别（把风险事件分门别类）来编制。风险象限如图 3-3 所示。

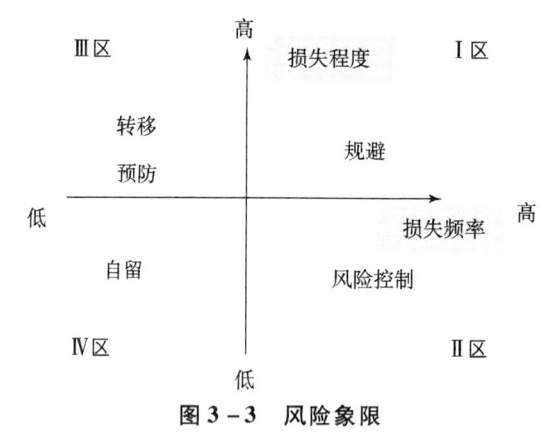

```
        Ⅲ区         高 │         Ⅰ区
                  损失程度
         转移                  规避
                  预防
    低  ─────────────────────────  高
                              损失频率
         自留                风险控制

        Ⅳ区         低 │         Ⅱ区
```

图 3-3　风险象限

图 3-3 中的Ⅰ区，其风险处于"红灯区"，因为没有任何业务在这样的风险状况下还能长时间存在。因此，项目管理组织对这些风险的管理是一种战略性需要。这一战略应通过特定行动计划明确指定风险责任人对此负责。对于这些风险，所采用的风险管理方案取决于风险的属性和项目管理风险的愿望及选择的方式。然而，如果一个组织不能长期、有效地管理这些风险，则应考虑采取避免风险的战略（如退出、禁止、停止等）。

图 3-3 中的Ⅱ区，其风险处于"黄灯区"。对它们应使用所有可能的风险管理方案，尽管可供选择的措施是有限的，因为所有这些风险是由超脱于管理控制的环境力量导致的。这就是为什么应急计划对大多数此类风险是适合的，尤其是对这些风险的管理来说具有特别意义。

图 3-3 中Ⅲ区的风险（低重要性/高可能性）往往与日常经营和遵守法律方面的问题有关。它们是"黄灯区"的一部分，因此应采取相应的步骤将它们发生的可能性降到可接受的水平。

图 3-3 中的Ⅳ区（低重要性/低可能性），其风险处于"绿灯区"，这里的风险不那么重要，因为它们或者与项目活动不相关，或者无意义，并且通常在目前的水平上可以接受。项目管理组织可以取消与此风险相关的多余的风险控制措施，以减少成本和资源消耗来管理更重要的风险。

四、层次分析法

层次分析法是一种在经济学、管理学中被广泛应用的方法。层次分析法可以将无法量化的风险按照大小排出顺序，把它们彼此区别开来。层次分析法处理问题的基本步骤如下。

（一）构建层次结构模型

构建层次结构模型主要是确定评价目标，再明确方案评价的准则，根据评价目标、评价准则构造层次结构模型。

1. 层次结构类型

层次分析法所建立的层次结构，一般有三种类型：①完全相关性结构，即上一层次的每一要素与下一层次的所有要素完全相关；②完全独立结构，即上一层要素都各自独立，都有各不相干的下层要素；③混合结构，是上述两种结构的混合，是一种既非完全相关又非完全独立的结构。

2. 层次结构模型的构造

层次结构模型一般分为三层：①目标层，即最高层次，或称为理想结果层次，是指决策问题所追求的总目标；②准则层，即评价准则或衡量准则，是指评判方案优劣的准则，也称为因素层或约束层；③方案层，也称为对策层，是指决策问题的可行方案。

各层次间要素的联系用弧线表示，同层次要素之间无连线，因为它们相互独立，上层要素对下层要素具有支配的（包含的）关系，或下层要素对上层要素有贡献的关系，即下层对上层无支配关系，或上层对下层无贡献关系，这样的层次结构称为递阶层次结构。

（二）构建判断矩阵

应用两两比较法构建所有的判断矩阵。

1. 判断尺度

判断尺度表示要素 a_i 对要素 a_j 的相对重要性的数量尺度，如表 3-2 所示。

表 3-2　两两比较法判断尺度

定义（a_{ij}）	标度
i 因素比 j 因素绝对重要	9
i 因素比 j 因素重要得多	7
i 因素比 j 因素重要	5

续表

定义（a_{ij}）	标度
i 因素比 j 因素稍微重要	3
i 因素与 j 因素一样重要	1
i 与 j 两因素重要性介于上述两个相邻判断尺度中间	2，4，6，8

2. 判断矩阵

判断矩阵是以上层的某一要素 H_s 作为判断标准，对下一层要素进行两两比较确定的元素值，其形式如表 3-3 所示。

表 3-3 n 阶判断矩阵示意

A_1	A_2	...	A_j	...	A_n
a_{11}	a_{12}	...	a_{1j}	...	a_{1n}
a_{21}	a_{22}	...	a_{2j}	...	a_{2n}
⋮	⋮		⋮		⋮
a_{j1}	a_{j2}	...	a_{jj}	...	a_{jn}
⋮	⋮		⋮		⋮
a_{n1}	a_{n2}	...	a_{nj}	...	a_{nn}

判断矩阵中的元素 a_{ij} 表示从判断准则 H_s 的角度考虑要素 A_i 对要素 A_j 的相对重要性，即

$$a_{ij} = \frac{W_i}{W_j}$$

由表 3-3 可知，判断矩阵 A 有：$a_{ij} > 0$；$a_{ij} = 1/a_{ji}$；$a_{ii} = 1$。

3. 确定项目风险要素的相对重要度

在应用 AHP 法进行评价和决策时，需要知道 A_i 关于 H_s 的相对重要度，即 A_i 关于 H_s 的权重。计算分析程序如下：

（1）计算判断矩阵 A 的特征向量 W。首先确定判断矩阵的特征向量 W，然后经过归一化处理即得到相对重要度。

$$W_i = \left(\prod_{j=1}^{n} a_{ij}\right)^{\frac{1}{n}} \quad i = 1, 2, \cdots, n$$

$$W = \sum_{i=1}^{n} W_i$$

$$W_i = \frac{W_i}{W}$$

（2）一致性判断。在对系统要素进行相对重要性判断时，由于运用的主

要是专家的隐性知识,因而不可能完全精确地判断出 W_i/W_j 的比值,而只能对其进行估计,因此必须进行相容性和误差分析。估计误差必然会导致判断矩阵特征值的偏差,据此定义相容性指标。

4. 计算综合重要度

在计算了各层次要素对上一级 H_s 的相对重要度后,即可从最上层开始,自上而下地求出各层要素关于系统总体的综合重要度,对所有项目风险因素(或备选方案)进行优先排序。

五、模糊风险综合评价法

模糊风险综合评价法是模糊数学在实际工作中的一种应用方法。其中,评价就是指按照指定的评价条件对评价对象的优劣进行评比、判断,综合是指评价条件包含多个因素。综合评价就是对受到多个因素影响的评价对象作出全面的评价。采用模糊风险综合评价法进行风险评价的基本思路是:综合考虑所有风险因素的影响程度,并设置权重区别各因素的重要性,通过构建数学模型,推算出风险水平各种可能性的程度。其中,可能性程度值高者为风险水平的最终确定值。其具体步骤如下。

(1) 选定评价因素,构成评价因素集。
(2) 根据评价的目标要求划分等级,建立备择集。
(3) 对各种风险要素进行独立评价,建立判断矩阵。
(4) 根据各种风险要素影响程度,确定其相应的权重。
(5) 运用模糊数学运算方法,确定综合评价结果。
(6) 根据计算分析结果,确定项目风险水平。

六、蒙特卡罗模拟法

蒙特卡罗模拟法是一种随机模拟数学方法。该方法用来分析评估风险发生的可能性、风险的成因、风险造成的损失或带来的机会等变量在未来变化的概率分布。具体操作步骤如下。

(1) 量化风险。将需要分析评估的风险进行量化,明确其度量单位,得到风险变量,并收集历史相关数据。
(2) 分析历史数据后,借鉴常用的建模方法建立能描述该风险变量在未来变化的概率模型。
(3) 计算概率分布的初步结果。利用随机数字发生器将生成的随机数字代入上述概率模型,生成风险变量的概率分布初步结果。
(4) 修正和完善概率模型。分析概率分布的初步结果,用实验数据验证模型的正确性,并在实践中不断修正和完善模型。

(5) 利用该模型分析评估风险情况。正态分布模型是蒙特卡罗模拟法中使用最广泛的一类模型。通常情况下,如果一个变量受很多相互独立的随机因素的影响,而其中每一个因素的影响都很小,则该变量服从正态分布。在自然界和社会中大量的变量都满足正态分布。描述正态分布需要两个特征值:均值和标准差。其密度函数和分布函数的一般形式如下。

$$密度函数:\varphi(x) = \frac{1}{\sigma\sqrt{2\pi}} e^{-\frac{(x-\mu)^2}{2\sigma^2}}, -\infty < x < +\infty$$

$$分布函数:\Phi(x) = P(X \leq x) = \int_{-\infty}^{x} \frac{1}{\sigma\sqrt{2\pi}} e^{-\frac{(t-\mu)^2}{2\sigma^2}} dt, -\infty < x < +\infty$$

式中,μ 为均值;σ 为标准差。蒙特卡罗模拟法计算量很大,通常借助计算机完成。

除上述方法外,其他一些方法也可以用于风险评价,如外推法。外推法是进行项目风险评估和分析的一种十分有效的方法,它可分为前推、后推和旁推三种类型。前推法就是根据历史的经验和数据推断出未来事件发生的概率及其后果。如果历史数据具有明显的周期性,就可据此直接对风险作出周期性的评估和分析,如果从历史记录中看不出明显的周期性,就可用一曲线或分布函数来拟合这些数据再进行外推,此外还需注意历史数据的不完整性和主观性。后推法是在手头没有历史数据可供使用时所采用的一种方法,由于工程项目的一次性和不可重复性,所以在项目风险评估和分析时常用后推法。后推法是把未知的想象的事件及后果与已知事件及后果联系起来,把未来风险事件归结到有数据可查的造成这一风险事件的初始事件上,从而对风险作出评估和分析。旁推法就是利用类似项目的数据进行外推,用某一项目的历史记录对新的类似项目可能遇到的风险进行评估和分析,当然这还得充分考虑新环境的各种变化。这三种外推法在项目风险评价中都得到了广泛的应用。

本 章 小 结

风险评估是指对项目各个方面的风险和关键性技术过程的风险进行辨识和系统分析的过程,其目的是系统考察项目各个方面和各个关键性技术过程,明确项目风险并确定其影响,以促进项目更可靠地实现其性能、进度和费用目标。要达到识别风险、量化风险和制定有效的规避措施的目标,必须选择行之有效的方法。认真研究采用特定技术所需资源是一个多次出现的主题,技术方法选择的准则:一是必须以满足最少的时间、资金和人力支出换来最大效用为目标；二是以整个风险分析为目标的应用或决策过程；三是风险分析技术的实际输出，技术输出的精确程度、详细层次等应完全与风险决策所需的信息匹配。

思 考 题

1. 描述风险评价过程的目标。为什么每个目标都很重要？为每个目标定义量化的成功标准。
2. 应在何时对项目风险进行定性与定量评价？请举例说明。
3. 举例说明在项目风险评价过程中应注意的问题。

第四章

风险应对

> **学习目标**
>
> 了解风险应对的定义及其依据,明白风险应对的过程目标、环节、活动,以及风险应对策略,重点把握风险应对方法,在一定程度上领悟、运用风险应对技巧,持续提升应对航天领域风险的水平。
>
> **主要内容**
>
> (1) 风险应对概述;
> (2) 风险应对过程;
> (3) 风险应对策略。

风险总是客观存在，必须在系统分析的基础上，采取积极措施，有所准备，确保将风险后果控制在可接受的范围。本章主要介绍项目风险应对的概念、应对过程、分散化策略分析、应对措施和应对技巧等内容。

第一节 风险应对概述

项目风险是一种不确定的事件或条件，一旦发生，就会对至少一个项目目标造成影响，如范围、进度、成本、质量等。项目风险也可能对组织或组织的目标造成影响，如财务、声誉等。项目风险应对就是采取措施提高正面风险的概率或影响，降低负面风险的概率或影响，从而提高项目成功的可能性。

一、风险应对定义

风险应对是指在确定了决策的主体经营活动中存在的风险，并分析出风险概率及其风险影响程度的基础上，根据风险性质和决策主体对风险的承受能力而制定的回避、承受、降低或者分担风险等的相应防范计划。

风险应对就是对项目风险提出处置意见和办法。通过对项目风险识别、估计和评价，把项目风险发生的概率、损失严重程度以及其他因素综合起来考虑，即可得出项目发生各种风险的可能性及其危害程度，再与公认的安全指标相比较，就可确定项目的危险等级，从而决定应采取什么样的措施以及控制措施应采取到什么程度。

二、风险应对依据

风险应对的依据主要包括以下内容。

（1）风险管理计划。

（2）风险排序，即将风险按其可能性、对项目目标的影响程度、缓急程度分级排序，说明要抓住的机会和要应付的威胁。

（3）风险认知，即对可放弃的机会和可接受的风险的认知。组织的认知度会影响风险应对计划。

（4）风险主体，即项目利益相关者中可以作为风险应对主体的名单。风险主体应参与制订风险应对的计划。

（5）一般风险应对。许多风险可能是由某一个共同的原因造成的，这种情况下，为利用一种风险应对方案缓和两个或更多项目风险提供了机会。

第二节 风险应对过程

作为项目风险管理的一个有机组成部分,项目风险应对也是一种系统过程活动。我们可以从外部和内部两种视角来看待风险应对过程:外部视角详细说明过程输入、机制、控制和输出;内部视角详细说明用机制将输入转变为输出的过程活动。

一、风险应对过程目标

当风险应对过程满足下列目标时,就说明它是充分的。
(1) 进一步提炼项目风险背景。
(2) 为预见到的风险做好准备。
(3) 确定风险管理的成本效益。
(4) 制定风险应对的有效策略。
(5) 系统地管理项目风险。

二、风险应对过程环节

基于过程视角,风险应对过程环节如图 4-1 所示。

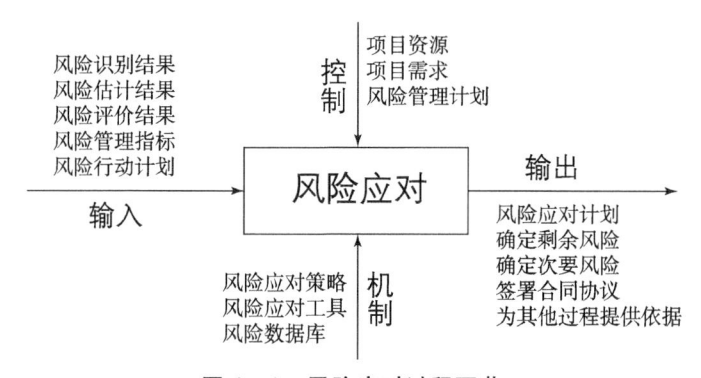

图 4-1 风险应对过程环节

(一) 过程输入

风险行动计划是风险应对过程的输入,包括风险应对的目标、约束和决

第四章 风险应对

策，记录了选择的途径、需要的资源和批准权力。计划提供了高层次的指导并允许达到目标过程中的灵活性。

（二）过程机制

机制可以是方法、技巧、工具或其他为过程活动提供结构的手段。风险应对策略、风险应对工具和风险数据库都是风险应对过程的机制。

（三）过程控制

和控制风险规划过程一样，项目资源、项目需求和风险管理计划同样约束着风险应对过程。

（四）过程输出

风险应对计划、确定剩余风险、确定次要风险、签署合同协议、为其他过程提供依据是风险应对过程的主要输出。

（1）风险应对计划。风险应对计划应详细到可操作层次，它一般应包括下面一些或全部内容。

1）风险识别、风险特征描述、风险来源及对项目目标的影响。
2）风险主体和责任分配。
3）风险评估及风险量化结果。
4）单一风险的应对措施，包括回避、转移、缓和或接受。
5）战略实施后，预期的风险自留（风险概率和风险影响程度）。
6）具体应对措施。
7）应对措施的预算和时间。
8）应急计划和反馈计划。

（2）确定剩余风险。剩余风险是指在采取了回避、转移或缓和措施后仍保留的风险，也包括被接受的小风险。

（3）确定次要风险。由于实施风险应对措施而直接导致的风险称作次要风险。它们应同主要风险一样来识别，并计划应对措施。

（4）签署合同协议。为了避免或降低风险，可以针对具体风险或项目签订保险、服务或其他必要的合同协议，确定各方的责任。

（5）为其他过程提供依据。选定的或提出的各种替代策略，应急计划，预期的合同协议，需要额外投入的时间、费用或资源以及其他有关的结论都必须反馈到相关领域，成为其过程计划、变更和实施的依据。

三、风险应对过程活动

风险应对过程活动是指执行风险行动计划，以求将风险降至可接受程度所需完成的任务，一般包括以下内容。

（1）进一步确认风险影响。
（2）制定风险应对策略措施。
（3）研究风险应对技巧和工具。
（4）执行风险行动计划。
（5）提出风险防范和监控建议。

第三节　风险应对策略

对于可以规避的风险，可从改变风险后果的性质、风险发生的概率或风险后果大小三个方面，提出多种应对措施。下面介绍减轻、预防、回避、转移、接受和储备风险（也叫后备措施）六种。每种都有侧重点，具体采取哪种或哪几种取决于项目的风险形势。

一、减轻风险

减轻风险策略，顾名思义，是通过缓和或预知等手段来减轻风险，降低风险发生的可能性或减缓风险带来的不利后果，以达到风险减少的目的。减轻风险是存在风险优势时使用的一种风险策略，其有效性在很大程度上要看风险是已知风险、可预测风险还是不可预测风险。

对已知风险，项目管理组可以在很大程度上加以控制，可以动用项目现有资源降低风险的严重性后果和风险发生的频率。例如，可以通过压缩关键工序时间、加班或采取快速跟进来减轻项目进度风险。

可预测风险或不可预测风险是项目管理组很少或根本不能控制的风险，因此有必要采取迂回策略。例如，政府投资的公共工程，其预算不在项目管理组直接控制之中，存在政府在项目进行当中削减项目预算的风险。为了减轻这类风险，直接动用项目资源一般无济于事，必须进行深入、细致的调查研究，降低其不确定性。例如，在决定开发一个新产品之前，应先进行市场调查（如市场容量、市场前景、现有同类或其他相关产品信息等），了解顾客使用需求、偏好以及价格倾向等，在这样的基础上提出的项目才有较大的成功机会。

在实施减轻风险策略时，最好将项目每个具体风险都减轻到可接受的水平。项目中各个风险水平降低了，项目整体风险水平在一定程度上也就降低了，项目成功的概率就会增加，项目风险成功概率增加和失败概率减少的关系如图 4-2 所示。

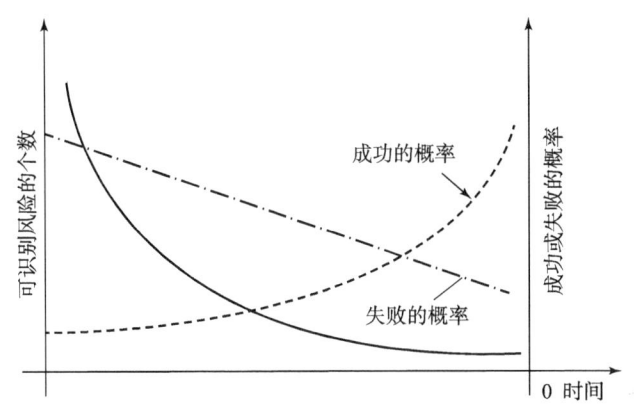

图 4-2 项目风险成功概率增加和失败概率减少的关系

由图 4-2 可知，项目风险、项目风险管理在很大程度上是一个时间的函数，项目风险水平以及管理的成效与时间因素密切相关。因此，为了有效地减轻风险，必须采取措施应对未来的风险。例如，在技术引进或设备引进时，为了保证项目按时投产，降低大型装备的技术和使用风险，一般要进行考察论证，确保引进项目的可靠高效，同时还要选派人员进行培训；在装备引进之后，可以通过精心安装、科学调试等手段和方法来降低不确定性而保障目标的高效达成。

把可预测和不可预测风险变成已知风险的例子还有许多，出现概率虽然小，但是后果严重的风险一般为不可预测的，也是最难减轻的一种风险。此类风险一旦发生就变成了已知风险，就能找出相应的减轻办法。根据帕累托的二八原理，在所有风险中，只有一小部分对项目威胁最大，因此，要集中力量专攻威胁最大的那几个风险。

二、预防风险

预防风险是一种主动风险管理策略，可以采取有形和无形的手段进行。

（一）有形手段

工程法是一种有形的预防风险手段，此法主要用于建筑工程领域，它以工程技术为手段，消除物质性风险威胁。例如，为了防止山区区段山体滑坡危害高速公路过往车辆和公路自身，可采用岩描技术铀住松动的山体，增加因为开挖而破坏了的山体稳定性。工程法预防风险有多种措施。

1. 防止风险因素出现

在项目活动开始之前，采取一定措施，减少风险因素。例如，在山地、海岛或岸边建设时，为了减少滑坡威胁，可在建筑物周围大范围内植树栽草，与排水渠网、挡土墙和护坡等措施结合起来，从而防止雨水破坏主体的稳定性，这样就能根除滑坡这一风险因素。

2. 减少已存在的风险因素

例如，施工现场若发现各种用电机械和设备日益增多，及时果断地换用大容量变压器就可以减少其烧毁的风险。

3. 将风险因素同人、财、物在时间和空间上隔离

风险事件发生时，造成财产毁损和人员伤亡是因为人、财、物在同一时间处于破坏力作用范围之内。因此，可以把人、财、物与风险因素在空间上实行隔离，在时间上错开，以达到减少损失和伤亡的目的。

工程法的特点是，每种措施都与具体的工程技术设施相联系，但是不能过分地依赖工程法。第一，采取工程措施需要很大的投入，因此，决策时必须进行成本效益分析；第二，任何工程设施都需要有人参加，而人的素质起决定性作用；第三，任何工程设施都不会百分之百可靠，因此，工程法要同其他措施结合起来使用。

（二）无形手段

预防风险的无形手段主要有教育法和程序法。

1. 教育法

项目管理人员和所有其他有关各方的不当行为构成项目的风险因素。因此，要减轻与不当行为有关的风险，就必须对有关人员进行风险和风险管理教育。教育内容应该包含法规、规章、规范、标准、操作规程、风险知识、安全技能及安全态度等。风险和风险管理教育的目的是让有关人员充分了解项目所面临的种种风险，了解和掌握控制这些风险的方法，使他们深刻地认识到个人的任何疏忽或错误行为都可能给项目造成巨大损失。

2. 程序法

工程法和教育法处理的是物质和人的因素，但是，项目活动的客观规律性若被破坏也会给项目造成损失。程序法是指以制度化的方式从事项目活动，减少不必要的损失。项目管理组织制定的各种管理计划、方针和监督检查制度一般都能反映项目活动的客观规律性。因此，项目管理人员一定要认真执行。要从战略上减轻项目的风险，就必须遵循客观规律，遵守科学的程序，那种图省事、走捷径、抱侥幸心理甚至弄虚作假的想法和做法都是项目风险的根源。

合理地设计项目组织形式也能有效地预防风险。项目发起单位如果在财力、经验、技术、管理、人力或其他资源方面无力完成项目，可以同其他单位组成合营体，预防自身不能克服的风险。

使用预防策略时需要注意的是，若在项目的组成结构或组织中加入多余的部分，同时也增加了项目或项目组织的复杂性，提高了项目成本，进而增加了风险。

三、回避风险

风险应对的目的是尽可能避免人、财、物、设备等有可能的损失。回避风险策略是指当项目风险潜在威胁发生可能性太大，不利后果也很严重，又无其他策略可用时，主动放弃项目或改变项目目标与行动方案，从而规避风险的策略。如果通过风险评价发现项目的实施将面临巨大的威胁，项目管理班子又没有别的办法控制风险，甚至保险公司也认为风险太大，拒绝承保，这时就应当考虑放弃项目的实施，避免巨大的人员伤亡和财产损失。对于城市和工程建设项目，如水利枢纽工程、核电站、化工项目等都必须考虑这个问题。

回避风险包括主动预防风险和完全放弃两种。主动预防风险是指从风险源入手，将风险的来源彻底消除。例如，在修建公路时，在一些交通拥挤或事故易发地段，为了彻底消除交通事故风险，可采取扩建路面、改建人行天桥或采取措施禁止行人通行等措施。回避风险的另一种策略是完全放弃，虽然这种做法比较少见，例如，随着网络泡沫的破灭，许多母公司关闭了网站，这就是一种完全放弃的风险应对策略。完全放弃是最彻底的回避风险的办法，但也会带来其他问题：①放弃意味着失去了发展和机遇。例如，核电站建设，工程项目庞大，风险高，我国建设核电站的经验又很有限，如果因为担心损失而放弃该项目，就要丢掉培养和锻炼建设核电队伍的机会，丢掉发展核电有关产业的机会，丢掉许多就业机会，丢掉促进核电技术科学研究和教育发展的机会等。②放弃意味着消极，项目的复杂性、一次性和高风险等特点，要求充分发挥项目管理人员的主观能动性，创造条件促进风险因素转化，有效控制或消除项目风险，而放弃则意味着不提倡创造性，意味着工作的消极观，不利于组织今后的发展。因此，在采取回避风险策略之前，必须对风险有充分的认识，对威胁出现的可能性和后果的严重性有足够的把握。采取回避风险策略，最好在项目活动尚未实施前，放弃或改变了在进行的项目，一般要付出高昂的代价。

四、转移风险

转移风险是将风险转移至参与该项目的其他人或其他组织，所以又叫合伙分担风险，其目的不是降低风险发生的概率和不利后果的大小，而是借用合同或协议，在风险事故发生时将损失的部分转移到有能力承受或控制项目风险的个人或组织。实行这种策略要遵循两个原则：第一，必须让承担风险者得到相应的报答；第二，对于各具体风险，谁最有能力管理就让谁分担。

采用这种策略所付出的代价大小取决于风险大小。当项目的资源有限不能实行减轻和预防策略，或风险发生频率不高，但潜在的损失或损害很大时，可采用此策略。转移风险可以分为财务性风险转移和非财务性风险转移。

（一）财务性风险转移

财务性风险转移可以分为财务性保险类风险转移和财务性非保险类风险转移两种。

1. 财务性保险类风险转移

财务性保险类风险转移是转移风险最常用的一种方法，是指项目组向保险公司交纳一定数额的保险费，通过签订保险合约来对冲风险，以投保的形式将风险转移到其他人身上。根据保险合约，项目风险事故一旦发生，保险公司将承担投保人由于风险所造成的损失，从而将风险转移给保险公司（实际上是所有向保险公司投保的投保人）。在国际上，建设项目的业主不但要为建设项目施工中的风险向保险公司投保，还要求承包商也向保险公司投保。

2. 财务性非保险类风险转移

财务性非保险类风险转移是指通过商业上的合作伙伴，例如，通过银行以贸易信贷的形式或其他的方法将风险转移至商业上的伙伴，担保也是一种常用的财务性非保险类风险转移方式。

所谓担保，是指为他人的债务、违约或失误负间接责任的一种承诺。在项目管理上是指银行、保险公司或其他非银行金融机构为项目风险负间接责任的一种承诺。例如，建设项目施工承包商请银行、保险公司或其他非银行金融机构向项目业主承诺为承包商在投标、履行合同、归还预付款、工程维修中的债务、违约或失误负间接责任。当然为了取得这种承诺，承包商要付出一定代价，但是这种代价最终要由项目业主承担。在得到这种承诺之后，项目业主就把由于承包商行为方面不确定性带来的风险转移到了出具保证书或保函者，即银行、保险公司或其他非银行金融机构身上。

由于在进行货物或服务交易时,卖家可能会面对买家拒绝付款的风险,为了保障双方的利益,便出现了信用证、银行承兑的远期信用证、汇票等以银行为担保人的贸易信贷。贸易信贷是卖家通过信贷保证,将项目风险一部分转移至银行身上。

(二) 非财务性风险转移

非财务性风险转移是指将项目有关的物业或项目转移到第三方,或者以合同的形式把风险转移到其他人身上,也能够保留会产生风险的物业或项目。这里的第一种情况,实际上和回避风险策略有一定的关系,两者都是试图减轻项目风险及其可能的损失,但回避风险不需要任何人承担风险后果,而风险转移是将项目风险转移到第三方。外包是一种很好的非财务性风险转移策略。在信息技术领域,外包日益流行,外包可以使不同国家的工程师享受不同的工资和福利待遇,还可以转移高昂的高技术员工管理费风险。

五、接受风险

接受风险也是应对风险的策略之一,它是指有意识地选择承担风险后果。觉得自己可以承担损失时,就可以使用这种策略。更换一个入门级工程师的费用,可能与为留住此人而提升他或她的福利所花的费用一样,这时的策略是接受经过培训的人员调离项目的风险,付出的代价便是雇用顶替他们的人所花的费用。

接受风险可以是主动的,也可以是被动的。由于在风险管理规划阶段已对一些风险有了准备,因此当风险事件发生时马上执行应急计划,这是主动接受。被动接受风险是指在风险事件造成的损失数额不大,不影响项目大局时,项目管理组将损失列为项目的一种费用。费用增加了,项目的收益自然要受影响。接受风险是最省事的风险规避方法,在许多情况下也最省钱。当采取其他风险规避方法的费用超过风险事件造成的损失数额时,可采取接受风险的方法。

六、储备风险

对于一些大型工程项目,由于具有复杂性,项目风险是客观存在的,因此,为了保证项目预定目标的实现,有必要制定一些项目风险应急措施即储备风险。所谓储备风险,是指根据项目风险规律事先制定应急措施和科学高效的项目风险计划,一旦项目实际进展情况与计划不同,就采取后备应急措施。项目风险应急措施主要有预算应急费、进度后备措施和技术后备措施三种。

（一）预算应急费

预算应急费是指一笔事先准备好的资金，用于补偿差错、疏漏及其他不确定性对项目费用估计精确性的影响。预算应急费在项目进行过程中一定会花出去，但用在何处、何时以及多少在编制项目预算时并不知道。

预算应急费在项目预算中要单独列出，不能分散到具体费用项目下，否则，项目管理组就会失去对支出的控制。另外，预算人员由于没有准确的预算而在各个具体费用项目下盲目地预留余地，是不被允许的。盲目地预留，不仅会由于项目预算估得过高而在投标中丢掉机会，也会使不合理预留的部分以合法的名义白白花出去。

1. 估算质量应急费

用于弥补以下原因造成的影响：项目目标不明确；项目定义不确切、不完整；项目采用的策略模糊、不明确；工作分解结构不完全、不确切；估算时间短；估算人员缺乏经验和知识、过分乐观；估算和计算有误差。如果能够认真地了解、分析以往实施过的项目，就有可能确定以上原因对项目估算偏离项目的真正费用产生多大程度的影响。必要时，分不同的费用项目估算出应急费用占直接费（人工、材料）、分包、其他直接费和间接费之和的百分比。

2. 调整应急费

项目很少一次试运行成功，常常需要多次调整才能达到设计要求。调整应急费用于支付调整期间的各种开支。例如，系统调试，更换零部件，零部件和组装的返工，重写技术说明、操作手册和其他文件，编制竣工图等。

3. 价格保护应急费

用于补偿估算项目费用期间询价中隐含的通货膨胀因素。当报价有效期届满时，供应单位就有可能提高价格。费用估算人员应该预测涨价幅度，把可能增加的部分作为价格保护应急费。供应单位报价的增长幅度可以根据其有效期至实际订货日的时间长短，以及这段时间内通货膨胀率逐项分别预测，不能按一笔总金额来计算，因为各种不同费用项目的价格变化规律不同。

4. 涨价应急费

在通货膨胀严重或价格波动明显时期，供应单位无法或不愿意为未来的订货报固定价，遇到这种情况，就要考虑涨价应急费。与价格保护应急费一样，对于涨价应急费也要一项一项计算，不能作为一笔总金额加在项目费用估算上，因为各种不同货物的价格变化规律不同，也并非所有的货物都会涨价。

（二）进度后备措施

对于项目进度方面的不确定因素，项目各有关方一般不希望以延长时间的方式来解决。因此，项目管理班子就要设法制定出一个较紧凑的进度计划，争取项目在各有关方要求完成的日期前完成。从网络计划的观点来看，进度后备措施就是在关键路线上设置一段时差或浮动时间。

压缩关键路线各工序时间有两大类办法：减少工序（活动）时间或改变工序间逻辑关系。一般来说，这两种办法都要增加资源的投入，甚至带来新的风险。

（三）技术后备措施

技术后备措施专门用于应付项目的技术风险，它是一段预先准备好了的时间或一笔资金。当预想的情况未出现，并需要采取补救行动时才动用这笔资金或这段时间。预算和进度后备措施很可能用上，而技术后备措施很可能用不上。只有当不大可能发生的事件发生，需要采取补救行动时，才动用技术后备措施。技术后备措施分两种情况：技术应急费和技术后备时间。

1. 技术应急费

单从项目经理的立场来看，最好在项目预算中打入足够的资金以备不时之需。但是，项目执行组织高层领导却不愿意为不大可能用得上的措施投入资金。因为采取补救行动的可能性不大，所以技术应急费应当以预计的补救行动费用与它发生的概率之积来计算。

技术应急费不列入项目预算单独提出来，放到公司管理备用金账上，由项目执行组织高层领导掌握。公司管理备用金账上还有从其他项目提取来的各种风险基金，就好像是各个项目向公司交纳的保险费。

由高层领导统一掌控技术应急费还有以下好处：公司高层领导可以由此全面了解公司各项目组总共承担了多大风险；一旦真的出现了技术风险，公司高层领导容易批准动用这笔从各项目集中上来的资金；可以避免技术应急费被挪作他用。

2. 技术后备时间

为了应对技术风险造成的进度拖延，应该事先准备好一段备用时间。不过，确定备用时间要比确定技术应急费复杂。一般可以在进度计划中专设一个标记点，提醒项目管理组此处应当留神技术风险。

在设计和制定风险处置策略时，一定要针对项目中不同风险的特点尽可能准确而合理地分别采用风险处置方式。在实施风险策略和计划时应随时将变化了的情况反馈给风险管理人员，以便能及时结合新的情况对项目风险处理策略进行调整，使之适应新的情况，尽量减少风险所致损失。

本 章 小 结

风险应对根据项目风险识别、估计和评价的基本结果，在对项目风险综合权衡的基础上，提出项目风险的管理措施和处置办法，以有效地消除或控制项目风险。本章定义了项目风险应对的系统过程，描述了项目风险应对的过程活动及其方法技术，还具体探讨和分析了几种常用的风险应对策略：减轻风险——存在风险优势时；预防风险——可用备用设备、技术或资金等缓和风险时；回避风险——可能出现两败俱伤时；转移风险——其他组织有能力控制风险时；接受风险——自身有能力承受时；储备风险——存在不确定性因素时。

思 考 题

1. 风险应对的两个基本组成部分是什么？为什么说它们是最基本的？

2. 说说如何用风险预防和风险转移来避免系统稳定性的风险。请指出这两种风险应对策略的异同。

第二篇
实践篇

第五章

航天装备论证风险管理

> **学习目标**
>
> 通过学习本章，学生应能简单了解航天装备论证的概念、任务要求、过程，在了解航天装备论证阶段风险特点的基础上，重点把握论证阶段风险识别、评估和风险应对的过程与方法，能够初步适应论证风险管理工作的要求。
>
> **主要内容**
>
> （1）航天装备论证概述；
> （2）航天装备论证风险分析；
> （3）航天装备论证风险处置与监督。

由于航天装备研制和生产阶段存在很多不可预测的情况，风险很大，可能给国家和军队带来无法挽回的损失以及资金资源的大量浪费。系统分析损失原因，其中很大一部分与论证不充分有关，因此，加强对航天装备研制项目的论证非常有必要。

第一节 航天装备论证概述

航天装备论证在其立项决策中是一项减少和降低立项研制风险、控制研制进度和经费的严格评估措施,是航天装备建设中的一个重要环节,对航天装备的发展具有重要作用。

一、航天装备论证概念

开展航天装备论证风险管理工作是适应未来高技术战争和加强部队质量建设的前瞻性和基础性工作,也是航天装备发展的科学性、实用性、协调性和系统性得以保证的必然要求。

(一) 定义

航天装备论证是指通过严密的科学方法和充分的论据对航天装备的设计、发展和管理等各方面预定目标进行推理证明,以说明实现该目标的可行性、必要性及可行方案的过程。航天装备论证风险管理是识别和分析航天装备论证阶段存在风险及采取应对措施的活动。

(二) 类型

航天装备论证的类型主要有研制立项综合论证、研制总要求论证、发展战略论证、建设规划计划论证、体制论证及专项技术研究论证等。不同类型的论证,军事需求各不相同,其论证要求也各不相同。就航天装备研制立项综合论证而言,其要求主要包括:研制的必要性和重要性;作战使命任务;系统组成、研制初步总体技术方案;作战使用性能和主要战术技术指标;研制周期和进度;研制费用概算和寿命周期费用测算;关键技术、研制风险;作战效能分析评估等。

二、航天装备论证任务要求

航天装备论证阶段的主要任务是根据列入航天装备建设五年计划和全军航天装备体制中的新上项目,由航天装备研制主管部门组织进行航天装备研制立项综合论证。

航天装备研制立项综合论证主要包括航天装备的作战使命任务、主要作战使用性能（含主要战术技术指标）、初步总体方案、研制周期、研制经费概算、关键技术突破和经济可行性分析、作战效能分析、航天装备采购价格与数量的预测、航天装备命名建议等。

航天装备研制主管部门组织完成航天装备研制项目综合论证后，报中央军委装备发展部审批立项。其中，主要航天装备项目中的重大项目立项，经中央军委装备发展部审核后，报中央军委或者国务院和中央军委批准。经批准的航天装备研制立项，作为开展研制、列入年度计划和订立航天装备研制合同的依据。航天装备研制主管部门依据研制立项的批复，选择具备研制条件的单位为新型航天装备的研制单位。

选择确定新型航天装备的研制单位，可采取在一定范围内竞争招标的办法。参与竞标的研制单位根据有关航天装备研制主管部门的要求，组织进行初步总体方案制定和技术、经济可行性研究及必要的验证试验，主要工作有以下几方面内容。

（1）根据战术技术指标要求进行技术可行性分析、论证和必要的验证试验，关键技术的分析和论证，初步确定技术设计方案。

（2）初步的风险分析和估计确定潜在的问题和可能的解决途径。

（3）初步的综合技术保障分析。

（4）经济可行性分析和估算研制费用。

（5）估计研制周期和进度安排，绘制研制进度网络图。

（6）型号论证阶段的工作预算等。

（7）提出初步总体技术方案和对研制经费、保障条件、研制周期预测的报告。

在此基础上，航天装备研制主管部门对各方案进行评审，在对技术、经费、周期、保障条件等因素进行综合权衡后选出最佳方案。

三、航天装备论证过程

航天装备论证工作一般由航天装备科研业务部门负责组织，由航天装备科研院所承担实施，通常经历以下几个阶段。航天装备论证内容涉及面广，持续时间长，不同时间段工作重点不同。

（一）航天装备论证计划策划

接受上级主管部门下达的航天装备论证任务，开展研究论证工作，首要环节是进行航天装备论证的计划策划。策划可以依据 GJB 9001B 标准相关要求，重点确定航天装备论证的质量目标和任务要求；航天装备论证的工作程序，确定过程、文件和资源的需求；航天装备论证的阶段划分；适用于各个阶段的评审、验证和确认活动；参与航天装备论证各方的职责和权限，相互之间的接口关系，有效的沟通；识别制约航天装备论证的关键因素和薄弱环节并制定相应的措施；航天装备论证的标准化要求和适用的标准与规范；运用可靠性、维修性、保障性、测试性、安全性、环境适应性等专业工程技术的要求；对参与航天装备论证的外协外包方的质量控制要求；提出监视和测量的需求；技术状态管理要求；风险管理要求。

（二）航天装备论证需求输入

按照航天装备论证的计划策划展开研究论证前，首先要把航天装备论证的任务要求转化为与产品要求有关的输入，并通过审查或评审，确保输入的充分性和适宜性。构成航天装备论证输入的因素主要是两个方面：一方面是航天装备的功能与性能定位，主要来自需求方的作战或任务需求，是航天装备论证最重要和最基础的输入；另一方面是以前类似航天装备论证的相关信息，主要是论证方前期积累的各类经验。

为了把握需求输入的准确性，应当通过调查研究，征求作战、训练、运输等部门和航天装备研制、生产、试验、使用、维修等单位的意见，确认各种需求和约束条件。

（三）确定航天装备论证内容要求

不同的航天装备论证类型，论证报告的内容要求也各不相同，应当根据论证任务需求，统筹考虑航天装备性能（含功能特性、可靠性、维修性、保障性、测试性、安全性和环境适应性），研制进度和费用，提出相互协调的航天装备性能的定性定量要求、质量保证要求和保障要求。现以航天装备研制立项综合论证为例，说明对于论证内容的要求。

航天装备研制立项综合论证包括以下内容。

（1）作战使命任务：立项背景、需求分析、研制指导思想。

（2）主要作战使用性能：系统组成和研制规模、主要使用要求、主要功能和战术技术指标。

（3）初步总体方案：战术技术指标分析、初步总体方案设计、分系统初步方案设计、技术实现的可行性。

（4）研制周期：进度安排、交付使用时间。

（5）研制经费概算：经费需求、经费概算与安排。

（6）关键技术突破与经济可行性分析：关键技术分析、经济可行性分析。

（7）作战效能分析：使用环境分析、能力综合评估。

（8）订购价格与数量预测：订购价格分析预算、航天装备原则及数量预计。

（9）命名建议：命名原则、航天装备命名。

（四）形成航天装备论证报告

航天装备论证报告的形成过程一般分为大纲、征求意见稿、送审稿和报批稿四个阶段。每个阶段的输出文件，应按照文件控制的有关规定进行审签、标准化审查，质量会签及发布前得到批准，还应根据论证策划的安排，组织进行阶段评审，以保证论证文件的充分性和适宜性。

航天装备论证单位应当对论证结果进行风险分析，提出降低或者控制风险的措施，即应当拟订多种备选的航天装备研制总体方案并提出优选方案。航天装备研制总体方案优先选用成熟技术，对采用的新技术和关键技术，应当经过试验或者验证。

（五）航天装备论证结果评审、验证和确认

根据论证策划的安排对航天装备论证结果进行的评审、验证和确认，是航天装备论证的重要活动。由于评审、验证和确认具有不同的目的，导致其活动的时机、方式、内容及参加人员有所不同，但有时根据具体情况也可单独或以任意组合的方式进行。评审、验证和确认的结果及任何必要措施的记录，应当按照记录控制的有关规定予以保持。

航天装备论证的科学与否，对于整个航天装备研制能否取得预期成果至关重要。加强论证阶段风险管理，也是航天装备研制风险管理的重点。由于在论证阶段项目数据比较缺乏，风险辨识与分析的难度也比较大，只有加大研制早期阶段的投入，才能为后续诸多阶段打下良好的基础。

第二节 航天装备论证风险分析

航天装备论证风险的识别就是有针对性地分析影响论证质量的因素，寻找、分析风险源的过程。由于航天装备的技术含量越来越高，导致技术越来越

复杂，研发周期越来越长，经费开支越来越大，面临的不确定因素也就越来越多，研发过程风险也就越来越高，航天装备论证的难度也就越来越大。

一、影响航天装备论证质量的因素

影响航天装备论证质量的不确定因素归结起来主要是三个方面：①航天装备研发的外部环境；②航天装备研制单位能力；③军方的采办管理。

（一）航天装备研发的外部环境

航天装备研发的外部环境包括国家政策、军事战略、经济状况、自然环境风险等多个方面。

1. 国家政策

国家政策包括国防政策、经济政策、外交政策、科技政策等多个方面。航天装备研制活动贯穿整个国家经济体制，国家政策的变化必然对航天装备研制带来影响。国防政策变化决定未来国家应对形势变化的政策策略，可能影响到国家在整个航天装备建设中的投入。经济政策的变化必然带来经济体制的调整改革，带来经济发展方式的转变，也将影响到航天装备研制模式的改变。外交政策直接影响到航天装备技术合作，影响是否能够引进到外国的先进技术，采购到需要的原材料、元器件甚至软件系统。科技政策包括国防科技政策，直接影响到军工研制政策，决定军事技术的创新和发展。例如，国家为加大自主知识创新的力度制定出的一系列加大自主创新的政策都有利于军队航天装备研制计划的落实。

2. 军事战略

军事战略决定了未来作战理论、作战对象、作战环境、作战样式的变化，而所有这些变化都必然带来对航天装备性能要求的变化，对航天装备形成战斗力进程要求的变化，进而导致航天装备研制计划的变化。例如，由于新军事变革的不断推进，未来作战样式将是一体化联合作战，要求航天装备研制中必须广泛应用信息技术，解决好航天装备的互联、互通和互操作问题。再如，作战环境是山地还是海上、作战对象是远还是近，都将对航天装备性能提出新的要求，都会导致航天装备研制指标的调整。

3. 经济状况

经济状况直接影响到航天装备研制经费的数量，也影响到研制单位的经营成本。经济实力强，在经济快速发展时期，航天装备研制经费的保障数量相对比较充足；反之，经费保障可能会遇到困难。在国家财政支出中，军费在其中所占的比例也要受到国家对经济发展整体考虑的影响。例如，席卷全球的金融危机，不仅不会减少航天装备研制经费，受国家拉动内需的影响，航天装备经费还会在一定程度上有所提高。再如，利率的变化直接影响到资金的时间成本，会导致最初的研制预算不能满足研制经费需求。

4. 自然环境风险

自然环境风险，是事先无法预测的风险。例如，航天装备研制单位所处地理位置不同，导致航天装备研制能力和人员素质上的差别，进而产生航天装备研制能力的不同。再如，地震、严重雨雪冰冻灾害、急性传染病的流行等都会对航天装备研制计划的落实造成影响。一些突发事件，如恐怖主义袭击、社会骚乱等也会影响到航天装备的研制进度。

（二）航天装备研制单位能力

航天装备研制单位的能力是航天装备研制计划落实的根本保证。没有研制单位能力的提高，就没有航天装备建设水平的提高。航天装备研制单位能力主要包括企业管理能力、专业技术能力、质量保证能力、财务能力、经营信誉和保密管理。

1. 企业管理能力

研制单位的企业管理能力是一个企业综合实力的重要体现，更是能否履行好航天装备研制合同的重要因素。具体体现在：是否具有独立承担民事责任的能力、是否具有健全的组织机构、是否制定了与承担任务相适应的管理制度。企业领导层是否充分认识到承担航天装备研制任务的重要性，也将直接决定航天装备研制在企业各项经营活动中的地位，决定企业是否能将优质资源投入在完成航天装备研制任务上。

2. 专业技术能力

专业技术能力是研制单位的核心，是航天装备研制能否达到规定要求的关键，也是航天装备研制风险的主要来源。科技发展史证明，许多重大科技进步都是为了满足军事需要，通过发展军事航天装备而取得的材料、机械制造、通信、电子、信息处理、能源、航空航天等一系列科技领域概莫能外。企业在专业技术能力方面，主要存在缺乏成熟技术、新技术应用过多、不愿采用新技术、设施设备不先进等问题。技术还没有完全成熟就投入使用，必然导致航天装备研制失败的可能性大大增加。新技术应用过多会导致技术过于复杂，一般要求新技术应用不超过30%。受我国国防科技工业的整体实力和我军现行航天装备定价模式的影响，研制单位出于自身利益的考虑，也存在不愿意采用新技术的情况。不采用新技术，既难以保证航天装备研制任务的完成，又会导致航天装备刚刚研制出来就已经面临淘汰的后果。企业的基础设施和研制设备是完成航天装备研制任务的基础，没有好的工作环境和生产环境，没有先进可靠的设备做保证，再好的技术也不可能研制出先进的航天装备。整体来讲，我国企业的设备能力与发达国家相比还有明显差距。正是这种差距的存在，导致先进的技术迟迟不能物化为先进的航天装备。

3. 质量保证能力

质量保证能力直接决定研制单位能否长期、稳定地承担研制任务并保证研制的航天装备不出质量问题。我军明确要求承担航天装备研制任务的单位，必须建立质量体系并保持有效运行，而且应取得质量体系认证证书。对于航天装备研制过程，能否按照规定的程序开展研制工作、能否严格进行转阶段审查、能否有效开展各类技术评审和质量评审等，对于保证航天装备研制质量至关重要。目前，航天装备研制单位虽然都建立了质量体系，但是在运行有效性上还存在差距。主要差距体现在以下几个方面。

（1）质量体系仍然不健全。由于认定过程不规范，导致企业虽然通过了认定，但是在管理职责、人力资源等方面仍有欠缺。

（2）质量制度不落实。研制单位虽然根据标准的要求，建立了相应质量制度，但在落实过程中往往存在重视经济效益而忽视质量的现象。

（3）检验手段不满足要求。部分研制单位存在重视通过购置先进设备来提高研制能力、忽视改进检测手段来提高检测能力的现象。先进可靠的检验手段是证实航天装备真实性能水平的重要保证。如果检验数据不可靠，对航天装备研制质量的影响是致命的。

4. 财务能力

财务能力是反映研制单位能力的重要方面，良好的资金状况和规范的财务管理有利于航天装备研制合同的履行。在计划经济体制下，研制单位需要的资金、设备、物资和人员都由国家提供，财务风险较小。而在市场经济条件下，航天装备研制单位被推向了市场，并逐步发展成为自主经营、自负盈亏的市场竞争主体，财务资金风险也在逐步加大。财务能力方面存在的问题主要表现在以下几方面。

（1）会计系统不健全，存在管理上的漏洞，导致资金管理上出现问题，不能保证航天装备研制正常进行。

（2）缺乏成本控制，导致研制成本居高不下，航天装备价格不断上涨。

（3）经营效益差、投入多、产出少，缺乏发展后劲。

（4）资金紧张，导致管理活动和研制活动资源保证不足。

5. 经营信誉

经营信誉是研制单位的潜实力。好的经营信誉可以为军方提供信任，降低交易成本。研制单位的经营信誉对于航天装备研制决策非常重要。当前，存在主要问题包括以下几个方面。

（1）虚报成本。主要是指研制单位不遵守航天装备研制成本构成的有关规定，出于经济利益的考虑，将本不应纳入研制成本的部分计算在内。

（2）隐瞒质量问题。主要是指不能把质量放在第一位，出现质量问题擅自处理。

（3）存在违纪现象。主要是指单位或个人不遵守国家的有关法律法规，破坏了正常的研制单位经营秩序。

经营信誉对于航天装备研制任务能否落实起着重要作用，在签订研制合同时，必须调查研制单位的经营信誉情况。

6. 保密管理

保密管理是对航天装备研制单位的特殊要求。航天装备研制中一旦出现泄密现象，损失巨大，直接威胁到国防利益。目前，航天装备研制单位大都通过了相应级别的保密资格认证，但也存在涉密人员保密意识淡薄、保密制度无法落实、保密设施不符合要求等问题。

（三）军方的采办管理

军方的采办管理包括组织机构设置、人员素质、运行机制、组织文化等。

1. 组织机构设置

设置科学的组织机构是一切管理活动能否顺畅运行、达到组织目标的重要前提，是一切管理必须首先解决的问题。按照系统工程理论，结构决定功能。决策层、管理层、实施层是否职能明确，计划制订、合同订立、合同管理、合同支付是否相对独立，都会影响到航天装备研制计划能否如期按要求执行。航天装备采购制度改革的重点和难点也是组织机构的调整，可见组织机构的变化对航天装备研制的影响非常大。因此，航天装备研制管理必须充分考虑到组织机构变革带来的影响。

2. 人员素质

人是管理中最活跃的因素。毋庸置疑，人员素质对一切活动都具有决定性作用。经济、技术发展突飞猛进，新的管理理论层出不穷，新军事变革如火如荼，航天装备采购制度改革不断深化，如果航天装备采办队伍素质跟不上，再好的研制计划落实起来也会遇到种种困难。队伍的结构、知识的构成、培训的深度和广度都决定着采办人员能否适应任务的需要，能否完成好航天装备研制任务。

3. 运行机制

运行机制是组织开展工作的规则和程序，它规定某个部门和人员做什么、何时做、如何做以及与其他部门和人员的指挥、协调、配合关系，这是航天装备研制计划能否有效落实的关键。是否存在命令不通、协调不力、信息不畅、不守规矩的现象，是航天装备研制管理中必须考虑的问题，也要在风险管理中重点关注。

4. 组织文化

组织文化是组织成员共有的思维习惯和行为模式，一旦形成，很难改变，并会转变为一种组织能力，对组织的管理具有深远的影响。不健全的管理文化一旦形成，相应的管理风险就很难控制。航天装备采办组织文化是否能够充分体现航天装备建设的要求，是否健康向上也是航天装备研制风险管理中不容忽视的方面。

二、论证阶段风险特点

来自不同方面的风险呈现出不同的特点。在选择风险处置措施时，要充分考虑到风险来源的不同而采取有针对性的办法，提高风险管理的有效性。下面结合上述风险来源，分别介绍航天装备论证阶段风险的特点。

（一）来自外部环境的风险

1. 客观存在

来自外部环境的风险始终存在，"天有不测风云"早已为人们所熟知并接受。国家政策宏观上会相对稳定，但在微观上也不可能一成不变，如产业政策、行业标准、利率等都有变动的可能。

2. 发生的可能性小

例如，宏观政策不可能经常变化，军事战略也不会频繁调整，而经济发展状况也是基本稳定的。

3. 危害大

外部环境的变化对航天装备研制项目会产生重大影响。军事战略的调整会导致某个研制项目取消，重大的自然灾害会导致研制过程中断，财政政策的调整会导致研制经费数量减少等。

4. 不可控制

航天装备研制过程风险管理显而易见，任何组织和个人都不能改变外部环境，航天装备采办系统同样如此。但正是因为来自外部环境风险的不可控制，对这类风险的管理只能是寻找方法降低其发生后的损失，而无法控制其发生与否、何时发生。

（二）来自研制单位能力的风险

来自研制单位能力的风险与整个国防科技能力相关，覆盖内容广，且可以控制。

1. 与整个国防科技能力相关

我国国防科技工业整体实力还不强，技术发展水平与发达国家还有一定差距，先进设备数量还比较少。航天装备研制单位能力参差不齐，有的达到了国际先进水平，有的国内领先，但也有些单位的实力已落后于未承担航天装备研制任务的企业。

2. 覆盖内容广

航天装备研制单位能力体现在多个方面，有管理方面的，有技术方面的，也有财务实力方面的。任何一个方面出问题都会影响航天装备研制任务的落实，但最重要的是技术能力和质量保证能力。

3. 可以控制

虽然军方不能直接管理航天装备研制单位，但是可以通过合同手段选择实力强的研制单位，通过充分发挥军事代表的作用来加强对研制过程的监督，以降低航天装备研制过程的风险，保证航天装备研制计划的完成。正是由于来自航天装备研制单位能力方面的风险可以控制，开展航天装备研制过程风险管理才更有必要。通过建立长效的风险管理机制，建立起正规的风险管理过程，全面识别出风险而不去回避或隐藏，采取科学有效的处置措施加以处理，就可以将航天装备研制风险控制在可接受的范围内，进而使航天装备研制尽可能做到"不拖、不降、不涨"。

（三）来自承制方的风险

来自承制方的风险具有隐蔽性、难以量化性和具有决定性等特点。

1. 隐蔽性

人的思想最难测量，管理的最高境界也是管住"心"。管理者的素质会对研制项目带来潜移默化的影响，不容易被发觉，更不易于控制，也是航天装备研制风险管理的难点所在。

2. 难以量化性

管理学本身难以量化，如果依靠数学方法去量化由于管理不善而带来的风险，则很容易本末倒置，顾此失彼，事倍功半。

3. 决定性

航天装备采办（包括航天装备研制）的本质是军方使用航天装备采办经

费获取航天装备。航天装备研制计划是军方制订的,航天装备研制单位是军方选择的,是否满足要求是由军方审查的,研制经费也是由军方支付的。航天装备研制任务能否完成的关键在于军方是否采用合适的手段和方法去管理研制过程、研制合同和航天装备研制单位。因此,在航天装备研制风险管理过程中,不应该把注意力只集中在研制单位,应该从军方的采办管理上查找原因。

三、论证阶段风险识别清单

从论证阶段的工作内容可以看出,论证阶段的风险主要来源于论证工作的组织管理和论证方法的科学性。论证方法的科学性又进一步体现在战术技术指标等各项指标的确定和对航天装备研制单位技术能力的评估上。论证阶段的典型风险因素见表 5-1。

表 5-1 论证阶段的典型风险因素

序号	风险区	典型风险因素
1	人员素质	未从事过航天装备研制实际工作; 知识结构与所研制航天装备领域相差较远; 对研制航天装备的新技术了解较少; 责任心差; 决策水平不高; 论证队伍结构单一
2	论证方法	技术方法不适用; 论证方法单一; 片面强调定量分析或定性分析; 论证方法本身存在缺陷
3	论证力度	对航天装备各项性能指标的战术必要性论证不充分; 对经济技术可行性论证不充分; 对重大关键技术的成熟度和突破情况验证不足; 对相关专家意见理解失误或重视不够
4	决策机制	决策机构设置不完善; 人员分工不明确; 决策制度权威性差; 决策程序与方法运用不当
5	指标优化	过分强调某一指标; 不能充分权衡各指标之间的相互关系; 指标要求脱离现有技术水平和保障能力

续表

序号	风险区	典型风险因素
6	新技术应用	采用新技术比例过大； 过分强调技术性能，而忽略了经济可行性； 选取的技术没有进行充分试验
7	关键技术验证	验证过程流于形式； 验证指标不全面； 验证方法手段选用不当； 验证的条件保障要求满足不充分； 验证指标不系统
8	系统初步设计	一味追求先进设计，而忽视可行性； 未考虑与其他系统的兼容性； 系统设计存在缺陷

（一）人员素质

论证人员是开展论证工作、完成论证任务的主要力量。因此，论证工作的质量与论证人员的素质密切相关。科学论证的前提是拥有高素质的专家队伍作为决策咨询机构。航天装备型号论证具有综合性、系统性、社会性、政策性等特点，是一项复杂的研究活动，要求论证人员具备宽广的知识面、深厚的专业基础知识和技术水平、较高的政策水平、严谨的工作态度和良好的系统观念等。如果论证人员没有航天装备研制实践经验，对所研制的航天装备领域了解较少，技术专家对新技术和重大关键技术掌握不足，或是论证队伍结构单一、人员决策能力较差等，都会对论证质量造成不利影响，也将深刻地影响航天装备研制后续阶段的质量和效果。

（二）论证方法

科学的论证是建立在先进的论证方法基础上的。如果过度偏重专家经验或历史经验数据，不能将定量分析与定性分析结合起来，就会严重影响论证工作的效率、准确性和科学性，从而使航天装备的质量存在隐患。

（三）论证力度

论证是以科学的理论、充分的论据和严密的方法，针对航天装备的发展问题进行综合、分析、评价，做出科学结论的论述和证明过程。充分的论证是形成正确决策的关键，决策的正确与否对航天装备研制能否优质、高效地完成关系重大。在立项中，如果论证人员对研制航天装备的军事、经济和技术可行性理解不正确、不充分，对航天装备研制经费保障、技术保障掌握不足，就会造成对航天装备各项战术技术性能指标把握不准确、对资源保障情况了解不够、对重大关键技术的成熟度和突破情况掌握不清晰等影响，从而造成决策失误。此外，如果参加论证的人员经验欠缺、信息掌握不够或是不能充分听取相关专家的意见，也会导致论证不充分、决策不科学等现象的发生。

（四）决策机制

论证决策机制是否科学合理，对立项论证的科学性、准确性有重要影响。如果在决策过程中存在机构不健全、职责不明确、评估程序不规范等问题，都会影响到论证质量。

（五）指标优化

航天装备研制战术技术指标的确定，既是技术问题，也是管理问题，更是涉及航天装备的经济性问题。战术技术指标的确立，本身就是一个复杂的问题，也是研制立项论证的重要内容。航天装备研制性能指标必须建立在设计单位的研制能力和企业的生产能力以及质量保证能力等基础上的，甚至某些关键技术还需要国际先进技术来保证。对航天装备研制各项指标进行正确评估与权衡，是论证阶段的重要任务。特别是在早期论证阶段，必须运用系统方法对航天装备研制目标进行多方面权衡和综合优化，否则就会对航天装备研制立项造成不利影响，主要表现在：缺乏专业的技术专家对航天装备研制各指标进行评估与论证；在论证阶段，只注重作战性能指标，而忽视其在使用、保障和维护阶段的充分论证，即不能从全寿命角度对航天装备各性能指标进行充分论证；或只注重某一项指标的论证，而忽视各指标之间的相互影响关系，如只注重性能指标的完成，而忽视进度、费用指标等，风险发生的概率也随之增大。

（六）新技术应用

美国国防部曾做过一项调查，结果显示：一旦航天装备系统中所采用的新技术比例超过30%，其风险性将大大增加。然而，现代航天装备研制往往追求航天装备的高性能而过多地采用新技术，导致航天装备后续发展阶段存在各种问题。

（七）关键技术验证

现代航天装备系统日趋庞大和复杂，使航天装备研制过程中的技术风险问题越来越突出，并严重地影响着研制的进度、费用和组织管理等活动。航天装备立项论证阶段的一项重要内容，就是对研制航天装备的关键技术、新技术的突破情况、成熟度等进行试验与验证，以预防航天装备在工程研制、生产等后续阶段出现技术问题。然而，技术风险并不完全由技术本身决定，立项过程中的许多因素都会带来技术风险问题。因此，航天装备研制单位必须对研制航天装备的关键技术进行试验与验证，以检查关键技术的突破情况。但由于组织管理、验证手段、试验环境等条件的限制，对关键技术的验证往往不够充分和准确，或是期待部分技术问题在进一步研制过程中逐步解决而产生技术隐患，从而造成关键技术论证不力，产生技术风险。由于信息不对称等原因，在论证阶段，论证人员不一定能如实掌握航天装备研制中重大技术、关键技术或新技术的成熟度或突破情况，导致重大技术得不到充分的试验与验证；或是出于简单省事、节省时间和费用等原因，使试验与鉴定过程流于形式。此外，选择的技术试验指标不全面、手段方法使用不当、环境测试保障条件达不到要求等，都会使相关技术得不到充分的验证，为后续的研制埋下隐患。

（八）系统初步设计

为了提高航天装备性能，在航天装备论证阶段，通常采用新设计以使航天装备的性能水平在原有基础上进一步提高，如对功能、尺寸或质量等方面进行新约束，或是对新系统和新设备提出前所未有的性能要求等。新设计往往会给技术攻关或系统之间的技术兼容等方面增加难度，系统初步设计如果不完善或存在缺陷，就容易产生技术风险问题，严重时会影响航天装备研制的正常进行。

第三节　航天装备论证风险处置与监督

航天装备研制论证阶段，主要是对航天装备正式开始研制前各项指标的综合论证，论证工作由指定的论证机构和人员负责。因此，航天装备研制论证阶段的风险更多地来源于人为因素以及论证人员对论证内容的评价。因此，论证阶段风险处置主要应采取风险减轻的策略，核心是加强论证管理。

一、加强论证的组织工作

航天装备主管部门应当督促组建科学的立项论证机构，并赋予论证机构和人员相应的权力和明确的职责。论证机构人员的组成应包括与航天装备研制活动密切相关的各方面专家,如作战、训练、科研、采购、技术保障、生产等部门的专家,以保证论证工作能够充分考虑各方面的需求和建议。应该明确论证机构和相关人员的工作职责与范围,做到各尽其责。论证机构领导应科学地制订论证工作计划,以保证论证工作有序地开展。在论证机构内成立相应的监督小组,监督论证工作的进展和保证论证人员工作的客观性。

二、提高论证方法的科学性

要保证论证工作以完整、准确的资料为基础,严格按照决策程序进行。应加强深入调查,广泛听取各方面的意见,尤其是来自部队或熟悉部队情况的专家的意见,以便在综合分析和平衡的基础上做出科学的决策。同时,应严格论证内容,对拟定的战术技术指标进行科学的可行性论证,充分考虑所有的相关制约因素(如技术、进度和经费等各个方面)和边界条件,采用多种反馈机制,经过多种方法的验证、取舍、优化,最终确定一个比较科学的研制方案。

三、把新技术的论证作为重点

要加大对采用新技术的论证力度,确保航天装备研制各项技术都得到充分论证,避免其在后续研制阶段出现问题。要确保重大技术、关键技术和新技术都得到充分论证,包括技术的成熟度、先进性和适用环境等。对有待在研制中进一步开发的技术,要确保先期技术开发符合军事要求和技术规范,并验证技术后期开发工作的各项资源是否能够得到充足保障。要对研制航天装备的初步技术设计方案进行严格审查和论证,如技术管理组织的设定、技术人员的配备与职责分工、各项重要技术的实施计划、技术应急方案、技术储备计划、新设计方案与原有方案是否匹配等。初步技术设计方案必须对技术状态加以明确,严格说明研制航天装备需要达到的功能特性和物理特性,确保其作为技术性管理文件的准确性。对重大技术、关键技术和新技术、新工艺等,可以采取建模与仿真手段对其进行验证,如实际作战环境仿真、软件技术测试,新的或特有的设计适应性、兼容性、接口标准、互用性等与原计划工程项目的相容性,技术方案的适用性等。

四、加强论证人员和论证过程监督

在研制项目管理组织内部成立监督机构,负责对论证人员和论证过程的监督。具体包括:①要对论证人员资质进行严格审查,应根据所研制航天装备的行业/专业需求选择论证人员,严格控制论证人员队伍人员标准,严格审查论证人员资质;②建立严格的奖惩机制,对论证人员在论证过程的行为应予以严格监督和审查，以避免论证人员由于责任心不强、道德缺陷、专业技能缺失等给论证质量造成不利影响；③明确监督机构的职责与权力，使监督机构的监督活动能够有组织、有保障地展开；④监督机构应强化过程监督意识和过程监督行为，对论证工作的每一阶段进行严格监督管理，对论证工作中出现的问题及时发现，并提出相应的解决措施。

五、实施论证过程报告制度

航天装备研制立项论证阶段的主要工作是正式开展航天装备研制前的综合论证，涵盖的内容丰富，涉及的专业人员较多，论证工作比较复杂，论证质量要求高，特别是对大型航天装备的研制立项论证，论证时间相对较长。因此，有必要实施论证过程报告制度，实时跟踪和监督论证过程。论证过程报告可以论证过程的时间节点为标准撰写，重点记录论证不同阶段完成的主要工作、出现的问题及解决方法；也可根据论证内容不同进行划分，根据不同论证内容对论证过程实施监督，如战术技术性能指标论证报告、经济可行性论证报告、总体技术方案论证报告等。

六、充分发挥军事代表的监督作用

航天装备在立项论证阶段处于酝酿和筹划中，需求的确定和战术技术指标能否满足部队作战的需要，是论证质量的关键所在。为确保航天装备论证结果的正确、可行，应充分发挥军事代表的监督作用。军事代表要参与对研制单位的选点定点工作，了解考察研制单位对新上项目的研制能力，以及解决有关技术问题，并按要求及时报告。根据上级业务主管部门的指示，积极参与论证评审会，对研制航天装备的战术技术指标、初步总体方案和主要配套产品的可行性、研制周期及经费估算等提出意见或建议。

本 章 小 结

航天装备立项论证的科学与否，对于整个航天装备研制能否取得预期成果至关重要，加强论证阶段风险管理，是航天装备研制风险管理的重点。影响航天装备论证质量的不确定因素归结起来主要有三个方面：第一，航天装备研发的外部环境、航天装备研发单位能力、军方的采办管理；第二，航天装备论证阶段的风险主要来源于论证工作的组织管理和论证方法的科学性，论证方法的科学性又进一步体现在战术技术指标等各项指标的确定和对航天装备研制单位技术能力的评估上；第三，航天装备论证阶段风险处置主要应采取风险减轻的策略，核心是加强论证管理，具体可以考虑加强论证的组织工作、提高论证方法的科学性、把新技术的论证作为重点、充分发挥军事代表的监督作用等。

思 考 题

1. 简述航天装备论证的含义及主要内容。
2. 请回答航天装备论证阶段风险管理的特点。

第六章

航天装备研制风险管理

> **学习目标**
>
> 通过学习本章,学生应能掌握航天装备研制工作的内容与特点,了解航天装备研制阶段风险特点,能够对主要研制风险进行识别,领会航天装备研制阶段风险应对的策略,可以简单运用航天装备研制风险应对方法工具。
>
> **主要内容**
>
> (1) 航天装备研制风险管理概述;
> (2) 航天装备研制风险识别;
> (3) 航天装备研制风险评估;

(4) 航天装备研制风险应对与监控。

航天装备研制作为航天装备全寿命周期中的重要阶段，涉及军方、研制院所和其他工业部门，集高科技技术，新型材料，顶尖生产工艺，大量人力、物力和海量数据于一体，复杂性强，系统之间的协调难度大，具有极高的风险。目前，航天装备研制的样本量较少，风险管理时主要依赖有关专家，根据大量通过主观判断提取的数据进行人工分析，规范性和科学性较低，迫切需要加强理论研究，推动航天装备研制风险管理能力的提升。

第一节 航天装备研制风险管理概述

加强某领域风险管理，熟悉和了解该领域本身是前提基础。为此，在分析航天装备研制风险管理之前，有必要对研究中涉及的航天装备研制、航天装备研制风险以及航天装备研制风险管理等核心概念进行界定。

一、航天装备研制

对于航天装备研制，可以从定义、阶段划分和功能地位作用等多角度进行认识。

（一）定义

根据《中国人民解放军军语》中关于装备研制的定义，可以这样定义航天装备研制。所谓航天装备研制，是指根据军事需求，将成熟的先进技术物化为新型装备的活动，包括新型装备研制、仿制和现役装备改进、改型及加改装过程中的论证、设计、研制和试验等活动。其中，新技术开发是装备研制中最具创新性的工作，是生成新型装备的起点；新装备是新技术开发成果应用于军事领域的结晶，是航天装备研制工作最重要、最现实的组成部分；技术改造是为了使现役或老旧航天装备的性能能够继续满足作战需求，而对逐渐老化的装备开展技术攻关，通过新技术局部运用，挖掘其固有功能，或开拓出新增功能。装备技术改造既能够提高现有装备体系整体水平，又可以减少经费消耗，增大军事和经济效益。

（二）阶段划分

根据功能定位与作用的不同，航天装备研制可以划分为论证、设计、研制生产、试验定型等不同阶段，以研制方案概念论证为起点，定型批准研制方案交付生产为终点。为了进一步聚焦问题，便于风险管理，本书中的航天装备研制属于学术界界定的"狭义"的航天装备研制，具体包括方案设计、工程研制和设计定型三个子阶段。

（1）方案设计阶段的主要工作是研制主管部门按照武器系统研制的各类

要求的规定开展航天装备的系统方案设计，并针对航天装备型号的特征与要求开展模型样机的设计制造，同时开展科技攻关以及新型零件、分系统的设计测试等研究试验工作，对航天装备系统进行全方位评估，为工程研制提供依据。在关键技术已解决，研制方案切实可行，保障条件已基本落实的基础上，由研制单位编制研制任务书并报研制主管部门和使用部门。

（2）工程研制阶段的主要工作是依据研制任务书进行航天装备的详细设计，完成航天装备初样机试制，并对初样机进行测试鉴定。

（3）设计定型阶段的主要工作是军品定型机构按照定型工作条例和研制单位的定型申请，对航天装备的总体、分系统、配套产品进行全面考核，以确认航天装备的可行性、产品质量、性能指标基本符合规定的研制要求。这是航天装备研制过程的最后阶段，此阶段结束时的丰硕标志是上级批准设计定型。

（三）功能地位作用

装备是部队战斗力的物质基础，其性能先进与否，体系是否完备，可以直接决定现代战争的胜负。而装备性能先进与否，体系是否完备则直接取决于将最新技术应用于军事领域以开发新型装备活动的航天装备研制。一般来讲，航天装备研制的质量与水平，决定部队的战斗力水平及军队的发展水平，最终影响和决定了国防和军队现代化可持续发展和国家安全。

二、航天装备研制风险

风险是一个极其深刻的概念，在经济、军事等不同方面有不同的含义，国内外各种文献还没有被广泛认可的定义。大多数学者认同风险是指不确定性对目标的影响，分正负两个方面，在不同领域风险有着不同表现形式。

（一）定义

根据风险的定义，结合航天装备研制，我们可以给出航天装备研制风险的概念：在规定的技术性能、进度和费用等约束下，不确定性对航天装备研制项目的影响的一种度量。航天装备研制风险在航天装备研制过程中无处不在，随时可能从潜在变成事实。

（二）特点

航天装备研制具有高复杂性、高可变性、整体性和关联性等特点。

1. 高复杂性

航天装备研制中综合运用高新技术、新型制造材料以及新工艺，是各类专业知识的综合，技术含量非常高，往往代表着国家当前的最高水平，这带来了研制的高难度，也使航天装备研制风险更加复杂。

2. 高可变性

相比于传统项目的管理，因为航天装备研制中必须运用一些最先进的新技术、新工艺，所以航天装备研制阶段风险的潜在性更突出，不可测性更大，在风险性质和破坏程度上存在动态变化性，这无疑增大了研制风险的高可变性。

3. 整体性和关联性

航天装备作为一个系统，本身就是一个整体。武器装备研制可以根据系统的组成，分成若干个子项目。航天装备研制中包含的子项目是为了实现航天装备研制阶段的总体目标而设定的，单个子项目的风险无法确定项目的总体风险。但各个子项目之间的风险相互影响，存在关联性。

三、航天装备研制风险管理

在认识和把握航天装备研制、航天装备研制风险概念、特点、功能作用等的基础上，结合风险管理的一般性，我们可以从以下几个方面认识航天领域装备研制风险管理。

（一）定义

根据风险管理的概念，结合航天装备研制概念，我们可以给出航天装备研制风险管理的定义：其是一个确定和度量航天装备研制阶段风险，制定、选择和管理风险处理方案的过程，是针对航天装备研制阶段风险开展的组织、计划、协调、控制、指挥等活动。

（二）基本过程

1. 航天装备研制阶段风险规划

航天装备研制阶段风险规划是指在航天装备研制前对研制风险制定一套科学、合理的解决方法，并将其形成文件的过程。

2. 航天装备研制阶段风险识别

航天装备研制阶段风险识别是发现、确认和描述研制风险的过程。航天装备研制是一项系统且复杂的工程，风险因素众多，影响关系错综复杂，所引发的风险后果也不尽相同。然而，对每一个风险因素进行深入的考虑，会使问题更加复杂，难以解决。因此，为了有效地分析航天装备研制风险，必须首先识别出关键风险来源，这样才能进一步对风险水平做出合理评估，从而对风险进行科学的应对与监控，达到风险管理的目的。

3. 航天装备研制阶段风险评估

航天装备研制阶段风险评估是对航天装备研制阶段的风险进行充分的定性和定量分析研究的过程。对航天装备研制的关键风险因素进行识别后，要完整刻画航天装备研制风险的面貌，还需要进一步对风险的数量特征进行分析、评估。

4. 航天装备研制阶段风险应对

航天装备研制阶段风险应对是通过选择并实施适当的航天装备研制阶段风险应对措施将风险控制在军方和研制有关部门可接受的范围内。航天装备研制的风险是客观存在的，可以结合风险评估的结果有意识地采取一些防范措施进行预防，以便最大限度地减少风险，避免发生事故，最终减少或避免航天装备研制失败造成的财产损失、人员伤亡和国家危害。

5. 航天装备研制阶段风险监控

航天装备研制阶段风险监控就是按照规定的标准，对航天装备研制阶段全过程进行系统的监视和控制。航天装备研制周期长、不确定性大，过程中可能会给航天装备研制带来各种风险。风险监控在航天装备研制全寿命周期内持续进行，动态地掌握航天装备研制阶段风险的变化情况，无论是未评估的、已评估的、已应对的还是已发生的风险都必须监控，从而达到风险管理的目的。

基于风险管理的定义以及所要达到的总体目标，本书将风险管理流程概括为风险识别、评估、应对和监控三个环节，分别解决如何找出来、要不要应对，以及怎么应对处理三个问题。也就是说，本书重点研究了航天装备研制风险管理中的风险识别、评估、应对和监控。

第二节 航天装备研制风险识别

航天装备研制涉及技术新、复杂程度高，具有极高的风险性。目前，航天装备研制的样本量较少，风险识别时主要依赖有关专家根据大量通过主观判断提取的数据进行人工分析，规范性和科学性较低。

一、航天装备研制阶段风险识别方法的选择

航天装备研制阶段风险识别可以通过专家多年工作经验进行人工判断，但是在大部分情况下，风险潜藏在研制的工作阶段中，或者必须到航天装备研制阶段的特定环节才能被识别。因此在风险的识别过程中，要根据航天装备研制

第六章　航天装备研制风险管理

阶段风险的特点，采用具有针对性的识别方法。由于航天装备研制阶段风险具有一定的复杂性、多样性特点，本书利用 WBS-RBS 分析法和德尔菲法相结合对航天装备研制阶段进行风险识别，基于 WBS-RBS 耦合矩阵来识别航天装备研制阶段中的基本风险，再根据德尔菲法进行补充使其完善，这样得到的风险识别清单就是相对可靠的。

（一）WBS-RBS 分析法

WBS-RBS 分析法是由美国学者 D. Hillson 提出的，基本原理是把风险源分解成工作分解结构（WBS）和风险分解结构（RBS）两部分，然后将 WBS 的分解部分和 RBS 的分解部分输入 WBS-RBS 矩阵的两个维度，可构成最终的二维风险识别矩阵 WBS-RBS 风险识别矩阵。工作分解结构简称 WBS，是指以可交付成果为导向，将整体工作细分为可相对独立执行的任务包。对航天装备研制而言，就是将需要完成的航天装备研制工作所涉及的全部任务层层分解，从而形成一个层次清晰、分工明确、便于执行的作业包体系。风险分解结构简称 RBS，是指将某事件风险如航天装备研制阶段风险进行更细致的划分并以图像化显示。

WBS-RBS 分析法在航天装备研制阶段风险识别中有两个优点：第一，能够系统归纳风险规律，涵盖航天装备研制阶段可能发生的风险；第二，风险分类和风险因素经过归类、整理后更加系统化，更接近于量化分析模式，便于进行航天装备研制阶段的风险应对与监控、数据分析及经验积累。

WBS-RBS 分析法的具体步骤如下：构建航天装备研制 WBS；构建航天装备研制 RBS；构建 WBS-RBS 耦合矩阵，然后在矩阵的基础上分析存在的风险类型。

（二）德尔菲法

德尔菲法也称为专家调查法，具有匿名性和反馈性的显著特点。其基本流程是航天装备研制风险管理人员根据历史资料、WBS-RBS 矩阵分析结果等将风险调查方案、内容、子项目等做成风险调查表，专家以匿名方式提出意见后，经多次反复，提出新的论证。德尔菲法是一种主观色彩较强的分析研究方法，对参与主体的能力素质有很高的要求，主要应用于前期数据资料积累不够，较难进行实证分析。德尔菲法具有较为可靠的匿名性和反馈性，既可以充分表达出专家的真实想法和建议，也可以通过反馈让专家了解他人的想法，然后针对自己的看法进行分析，弥补自己观点的不足。

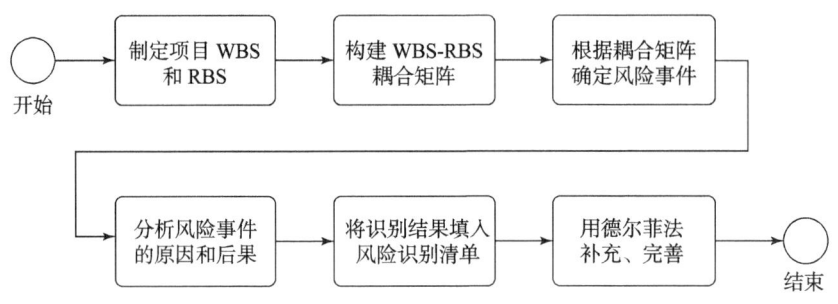

二、航天装备研制阶段风险识别方法的应用

本章对航天装备研制阶段进行风险识别首先采用 WBS – RBS 分析法，基于 WBS – RBS 耦合矩阵识别出航天装备研制阶段中的基本风险；然后采用德尔菲法对航天装备研制阶段的风险进行补充完善；最后得出一个相对可靠的航天装备研制阶段风险识别清单。

（一）航天装备研制阶段风险识别方法的应用流程

航天装备研制阶段风险识别方法的应用流程如图 6 – 1 所示。

图 6 – 1　航天装备研制阶段风险识别方法的应用流程

（二）制定项目 WBS 和 RBS

1. 项目 WBS 分解

对航天装备研制阶段进行 WBS 分解，具体航天装备研制阶段 WBS 分解如图 6 – 2 所示。

航天装备研制阶段中，设计、生产、试验是不可或缺的主体任务，费用和管理作为贯穿研制全寿命阶段的任务环节，也十分重要。所以本节根据 WBS 原理系统地分解了航天装备研制阶段中各项任务，将其分为设计、生产、试验、费用、管理五个一级任务单元，每个一级任务单元又可以逐级分解。

2. 项目 RBS 分解

根据《武器装备研制项目风险管理指南》（GJBZ 171—2013）中提供的典型风险源，结合对航天装备研制风险的理解进行 RBS 分解，如图 6 – 3 所示。

由图 6 – 3 可知，航天装备研制总风险为最顶层，中间层为 4 类风险源，最底层为 29 类子风险源。中间层风险源内涵如下：

（1）论证阶段遗留风险是指航天装备全寿命风险管理中论证阶段的关键风险输出，是航天装备研制阶段不可忽视的风险。

第六章 航天装备研制风险管理

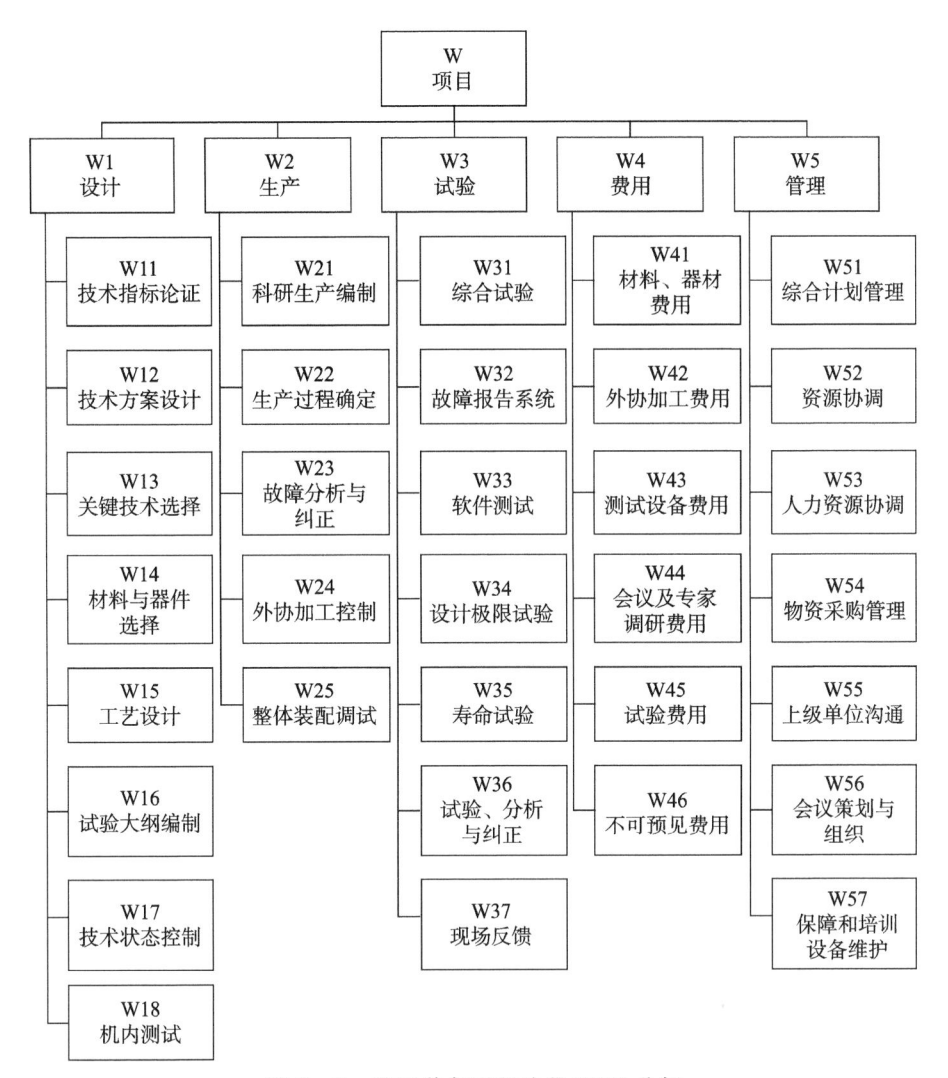

```
                              W
                             项目
    ┌──────────┬──────────┼──────────┬──────────┐
   W1         W2         W3         W4         W5
   设计       生产       试验       费用       管理

  W11        W21        W31        W41        W51
技术指标论证  科研生产编制  综合试验   材料、器材费用  综合计划管理

  W12        W22        W32        W42        W52
技术方案设计  生产过程确定  故障报告系统  外协加工费用   资源协调

  W13        W23        W33        W43        W53
关键技术选择  故障分析与纠正  软件测试   测试设备费用   人力资源协调

  W14        W24        W34        W44        W54
材料与器件选择  外协加工控制  设计极限试验  会议及专家调研费用  物资采购管理

  W15        W25        W35        W45        W55
工艺设计    整体装配调试  寿命试验   试验费用   上级单位沟通

  W16                   W36        W46        W56
试验大纲编制            试验、分析与纠正  不可预见费用  会议策划与组织

  W17                   W37                   W57
技术状态控制            现场反馈              保障和培训设备维护

  W18
机内测试
```

图 6 - 2 航天装备研制阶段 WBS 分解

（2）环境政策风险是指由于国际、国内的政治、经济、文化、社会的波动，或由自然界产生的灾害而可能给航天装备研制阶段带来的风险。

（3）技术风险是指航天装备研制阶段在规定的进度和费用绩效目标约束条件下，武器系统技术、战术性能绩效目标不能实现的可能性及后果。

（4）管理风险主要是指在航天装备研制过程中因计划、组织、协调、控制等工作的管理失误带来的风险。

```
                                    R
                                  总风险
         ┌──────────────┬──────────┴──────┬──────────────┐
        R1             R2                R3             R4
     论证阶段        环境政策风险       技术风险        管理风险
     遗留风险
```

- R11 主要作战使用性能风险
- R12 需求分析风险
- R13 总体方案论证风险
- R14 论证周期风险
- R15 效能评估风险
- R16 经济性分析风险

- R21 政治环境风险
- R22 宏观经济环境风险
- R23 文化环境风险
- R24 社会环境风险
- R25 生态文明风险

- R31 方案设计风险
- R32 技术成熟性风险
- R33 技术复杂性风险
- R34 软件程序开发风险
- R35 工艺制造风险
- R36 研制人员的技术能力风险
- R37 材料质量性能风险
- R38 技术状态控制风险
- R39 工艺评审风险

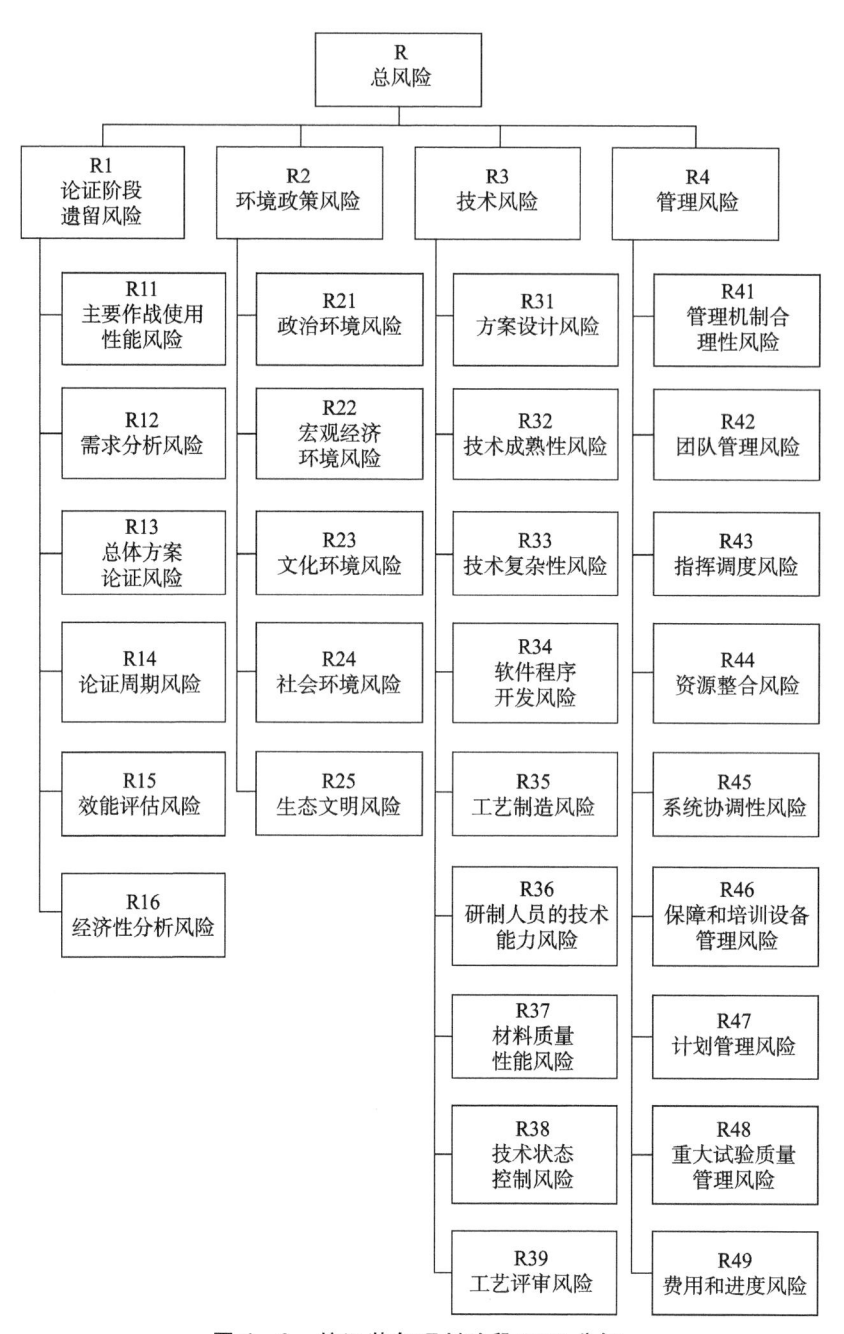

- R41 管理机制合理性风险
- R42 团队管理风险
- R43 指挥调度风险
- R44 资源整合风险
- R45 系统协调性风险
- R46 保障和培训设备管理风险
- R47 计划管理风险
- R48 重大试验质量管理风险
- R49 费用和进度风险

图 6-3 航天装备研制阶段 RBS 分解

(三) 构建 WBS – RBS 耦合矩阵

分别构建航天装备研制阶段的 WBS 分解图和 RBS 分解图后，将它们分别输入同一矩阵的两个维度，从而得到 WBS – RBS 耦合矩阵。在 WBS – RBS 耦合矩阵中使用专家调查法填写表格，如果某工作环节不存在某种风险或风险存在的可能性较小，则取值为"0"，如果存在某种风险，则取值为"1"，见表 6 – 1。例如，W12、R11 的取值"0"，表示技术方案设计环节不存在主要作战使用性能风险；W11、R11 的取值"1"，表示技术指标论证环节存在主要作战使用性能风险。由于考虑存在矩阵偏大，省略了部分参数数值。

表 6 – 1 WBS – RBS 耦合矩阵

WBS – RBS 耦合矩阵			RBS														
			R1						R2					R3			...
			R11	R12	R13	R14	R15	R16	R21	R22	R23	R24	R25	R31	R32	R33	R34	R35	...
WBS	W1	W11	1	0	0	1	0	0	0	0	0	0	0	0	0	0	0	0	...
		W12	0	0	0	0	0	0	0	0	0	0	0	1	1	0	0	0	...
		W13	1	0	0	0	0	0	1	0	0	0	0	1	1	1	0	1	...
		W14	0	0	0	0	0	0	1	1	0	0	0	1	0	0	0	1	...
		W15	1	0	0	0	0	0	0	1	0	0	0	1	0	0	0	1	...
		W16	0	0	0	0	0	0	0	0	0	0	0	1	0	0	0	0	...
		W17	0	0	0	0	0	0	0	0	0	0	0	1	0	0	0	0	...
		W18	0	0	0	0	0	0	0	0	0	0	0	1	1	1	1	1	...
	W2	W21	0	0	0	0	0	0	0	1	0	0	0	1	0	0	0	1	...
	...		...	...	...	...	...	...	...	...	...	...	...	...	...	...	...	...	...

由 WBS – RBS 耦合矩阵可得出航天装备研制各个主要工作环节所对应的具体风险清单，如表 6 – 2 所示。RBS 分解出来的 R12 需求分析风险、生态文明风险等一部分风险在航天装备研制 WBS 分解的各个工作环节中危害很小，这里不进行深入研究。通过运用 WBS – RBS 分析法完成对航天装备研制阶段主要工作环节的基本风险识别。

表6-2 航天装备研制风险清单

主要工作环节		对应风险
W1 设计	W11 技术指标论证	R11 主要作战使用性能风险 R14 论证周期风险
	W12 技术方案设计	R31 方案设计风险 R32 技术成熟性风险 R36 研制人员的技术能力风险 R49 费用和进度风险
	W13 关键技术选择	R11 主要作战使用性能风险 R21 政治环境风险 R31 方案设计风险 R32 技术成熟性风险 R33 技术复杂性风险 R35 工艺制造风险 R49 费用和进度风险
	W14 材料与器件选择	R21 政治环境风险 R22 宏观经济环境风险 R31 方案设计风险 R35 工艺制造风险 R37 材料质量性能风险 R44 资源整合风险 R49 费用和进度风险
	W15 工艺设计	R11 主要作战使用性能风险 R22 宏观经济环境风险 R31 方案设计风险 R35 工艺制造风险 R37 材料质量性能风险 R49 费用和进度风险
	W16 试验大纲编制	R31 方案设计风险 R36 研制人员的技术能力风险 R38 技术状态控制风险 R46 保障和培训设备管理风险 R48 重大试验质量管理风险
	W17 技术状态控制	R38 技术状态控制风险 R49 费用和进度风险
	W18 机内测试	R31 方案设计风险 R32 技术成熟性风险 R33 技术复杂性风险 R34 软件程序开发风险 R35 工艺制造风险 R45 系统协调性风险

第六章　航天装备研制风险管理

续表

主要工作环节		对应风险
W2 生产	W21 科研生产编制	R35 工艺制造风险 R42 团队管理风险
	W22 生产过程确定	R35 工艺制造风险
	W23 故障分析与纠正	R38 技术状态控制风险 R49 费用和进度风险
	W24 外协加工控制	R22 宏观经济环境风险 R37 材料质量性能风险
	W25 整体装配调试	R33 技术复杂性风险 R43 指挥调度风险
W3 试验	W31 综合试验	R43 指挥调度风险 R48 重大试验质量管理风险 R49 费用和进度风险
	W32 故障报告系统	R48 重大试验质量管理风险 R49 费用和进度风险
	W33 软件测试	R34 软件程序开发风险 R48 重大试验质量管理风险 R49 费用和进度风险
	W34 设计极限试验	R31 方案设计风险 R48 重大试验质量管理风险 R49 费用和进度风险
	W35 寿命试验	R31 方案设计风险 R48 重大试验质量管理风险 R49 费用和进度风险
	W36 试验、分析与纠正	R38 技术状态控制风险 R48 重大试验质量管理风险 R49 费用和进度风险
	W37 现场反馈	R43 指挥调度风险
W4 费用	W41 材料、器材费用	R22 宏观经济环境风险 R44 资源整合风险 R46 保障和培训设备管理风险 R49 费用和进度风险
	W42 外协加工费用	R22 宏观经济环境风险 R44 资源整合风险 R49 费用和进度风险
	W43 测试设备费用	R46 保障和培训设备管理风险 R49 费用和进度风险

续表

主要工作环节		对应风险
W4 费用	W44 会议及专家调研费用	R42 团队管理风险 R49 费用和进度风险
	W45 试验费用	R49 费用和进度风险
	W46 不可预见费用	R49 费用和进度风险
W5 管理	W51 综合计划管理	R47 计划管理风险
	W52 资源协调	R44 资源整合风险
	W53 人力资源协调	R42 团队管理风险
	W54 物资采购管理	R37 材料质量性能风险 R44 资源整合风险 R49 费用和进度风险
	W55 上级单位沟通	R43 指挥调度风险
	W56 会议策划与组织	R43 指挥调度风险
	W57 保障和培训设备维护	R46 保障和培训设备管理风险 R49 费用和进度风险

（四）用德尔菲法补充完善

根据 WBS – RBS 分析法可以得到航天装备研制阶段的基本风险因素，并采用德尔菲法，将已经得到的风险因素作为数据资料。每位专家根据自己多年的管理经验、相关试验数据等，对航天装备研制阶段的风险因素进行补充。

（1）邀请专家组开始调查。

为专家组提供与航天装备研制阶段相关的论证报告、背景资料、科研计划、WBS – RBS 分析法结果等材料。专家统一匿名填写开放式调查表，即武器装备研制风险因素调查表，详见附件 A。经过汇总、整理、统计，得到开放式调查结果。

（2）为专家组提供第一批调查表统计结果并发放第二批调查表。统计得到的最终结果见表 6 – 3。

表 6 – 3　武器装备研制风险因素调查表

序号	风险因素
1	战术技术指标要求过高或过低
2	标准化要求论证不充分
3	进度目标不切实际，难以实现

续表

序号	风险因素
4	形成初步作战能力的时间要求不明确
5	国际政治关系恶化
6	国防发展策略改变
7	军方需求的变动
8	物价调整
9	海外购买受限制
10	外购产品质量和供应的不确定
11	参数设计缺少优化
12	技术指标分配缺少权衡研究
13	接口要求不明确或协调不够
14	设计采用未成熟技术或稀有材料且无替代方案
15	未考虑制造能力或同步开展工艺设计
16	松散的设计评审过程
17	缺乏技术储备
18	没有充分预研
19	技术的快速变化
20	技术协调不充分
21	软件设计文件不齐全
22	开发工具缺乏
23	软件测试平台不完善
24	软件人员随意性修改
25	工艺不成熟
26	设计与工艺协调不够
27	生产工艺和技术装备落后
28	经验不足
29	责任心不够
30	供方选择不当或随意变更
31	原材料、元器件、部组件的选择与控制不当
32	没有考虑发现的产品缺陷
33	未建立严格的技术状态管理制度
34	职能机构不健全
35	登记制度不严

续表

序号	风险因素
36	缺乏生产与试验现场处理解决各种问题的具体办法和规定
37	工程更改后缺乏验证
38	项目领导者的能力
39	人员变动
40	培训不够和资格认证不严
41	考核和奖惩欠缺
42	调度不力
43	指挥不佳
44	跨职能部门的协调不够
45	对外的购买、谈判、技术获取协调不够
46	资源得不到合理的配置
47	未能与装备研制同期考虑
48	对使用人员了解不足
49	专用保障设备过多
50	综合考虑不周
51	计划没有留有余地
52	未对试验中出现的问题做深入分析
53	大型试验质量管理和控制不力
54	所测量的关键参数不能给出产品符合规范要求足够高的置信度
55	费用超支
56	经费预算的不准确性
57	经费延迟拨付
58	经费分配不合理
59	进度计划制订不准确
60	进度拖期

三、风险识别结论与分析

为了便于识别分析风险因素，本节对采用 WBS – RBS 分析法和德尔菲法的风险识别情况进行汇总、整理和归类，最终把航天装备研制阶段风险分为4类，并将通过德尔菲法收集的航天装备研制阶段的风险因素系统划分到相应的子风险源下。航天装备研制阶段风险识别结论如下。

（一）论证阶段遗留风险

1. 主要作战使用性能风险

在航天装备研制工作开始之前，军方要对航天装备的战术技术指标开展可行性论证。由于有时会出现论证时间紧张的情况，所以航天装备全寿命周期中的论证阶段会遗留战术技术指标要求过高或过低以及标准化要求论证不充分等问题。战术技术指标要求过高，会使研制有关部门设计余量留的很少，研制阶段不稳定和发生问题的概率增加，风险后果的严重性越大；战术技术指标要求过低，研制出来的航天装备不能满足部队的实际需要，不能生成有效战斗力，达不到研制的目标；标准化要求论证不充分，同样会使航天装备的继承性降低，风险概率增加。

2. 论证周期风险

航天装备研制论证阶段，总体单位会给出研制总要求，要求包含各个时间段需要达成的进度目标。如果进度目标不切实际，研制有关部门难以在规定的时间内实现目标，会造成进度以及费用风险。总体单位对形成初步作战能力的时间要求不明确，会导致航天装备难以转变成战斗力。

（二）环境政策风险

1. 国家政策变化风险

国际贸易关系、政治局势变化导致技术出口国的技术封锁，两国之间技术引进的合作关系就会立即终止，会对原计划需要进口的技术、元器件等造成影响，会带来一系列风险。国防战略方针、军事战略关注点等的转变，对航天装备研制阶段都有很大的影响。

航天装备研制是军事装备管理部门高度参与的一个项目。军方对研制的武器定制化程度较高，不存在研制后的营销活动，如果需求变动过大，会导致研制周期的拖延、研制费用的上涨或者项目下马。

2. 宏观经济环境的影响

航天装备研制阶段使用的元器件及零件需要自行加工、国内采购或海外进口。宏观经济环境下的物价调整、许可限制等因素可能造成材料、元器件等价格变化，从而带来风险。同时，随着我国市场经济的发展，外购产品质量控制越来越难。由于装备研制所需的外购器材批量小、质量要求高、进度要求严，外购产品利润率、投资回报率很难满足承包商的要求，承包商会降低质量标准以提高自身利润，即使签订了合同，约束力也很低。或一些承包商面临停产、被收购甚至是倒闭的状况，导致元器件质量和供应计划没有保证。宏观经济造成的这些影响使得研制生产的直接费用和间接费用增加，如承包商生产成本和人力资源成本不断增加，都构成了航天装备研制阶段风险。

（三）技术风险

1. 方案设计风险

在航天装备研制的方案设计子阶段，在技术方案方面会存在考虑不全面的情况，产品设计不合理，新技术采用比例过大，航天装备的智能化、自动化提高，继承性相应减少，风险概率也随之增大。此外各种缺陷先后暴露在航天装备全寿命周期的不同阶段，使得研制出来的航天装备列装到部队生成战斗力时会存在一定的风险。

2. 技术的成熟性风险

航天装备研制阶段技术的储备情况和预先研究是否充分，对航天装备研制的成败有着重要影响。为了实现要求的战术技术性能，可选择的技术种类越多，可能的设计路线数量越多，航天装备研制阶段的风险概率就越低。航天装备预研是为航天装备研制打下必要的理论和技术基础，只有预研比较充分，航天装备研制采用的关键技术取得了重大突破且技术比较成熟，没有出现边预研攻关边型号研制的情况，航天装备研制才有可能顺利进行，取得成功。

3. 技术复杂性风险

航天装备研制具有技术的高度复杂性，其中包括技术的快速变化性和技术协调性。航天装备的研制周期长，但航天装备信息系统更新迭代速度很快，信息系统常常不得不改变设计，采用新的技术研究成果，以满足与时俱进的部队需求，给研制带来很大不确定性。同时，航天装备由许多分别研制的相互耦合的子系统组成，众多的研制单位、高校和研究机构参与研制，其所包含的子系统和接口数量越多，任务就越复杂，不确定性也就越高。

4. 软件程序开发风险

随着新军事变革的加剧，航天装备信息化的程度不断加深，软件部分重要性、复杂性、系统性逐年提高，高科技航天装备目前大部分通过软件系统将各个分系统综合起来。第二次世界大战以后，航天装备才慢慢发展到搭载软件系统，其发展时间较短，并且人们对软件工程化认识不足，软件开发过程的要求不严，导致软件程序某个方面的设计失误会使航天装备无法正常使用。软件设计文件不齐全、开发工具缺乏、软件测试平台不完善、软件设计管理体系不健全、软件人员随意性修改等风险因素不容忽视。

5. 工艺制造技术风险

一些航天装备在方案设计时，设计人员对当前制造工艺不了解，没有对工艺的可实现性、成熟性予以充分考虑，导致工艺制造难度提高，质量得不到有效控制，生产出符合要求的航天装备难度提高。航天装备的元部件数量种类众多、分系统定制程度高、系统架构复杂，以及材料多样性等，使得工艺的复杂性提高，一个细节的失误，都可能导致航天装备研制的工程研制子阶段失败。同时，有些承包商由于领导不重视和资金不足，不愿意进行技术改造，造成了新型航天装备的高性能要求与工艺制造技术落后、工艺制造设备陈旧的矛盾突出，航天装备质量难以保证。

6. 研制人员的技术能力风险

航天装备研制对技术人员的专业能力、责任心要求比较高。目前，年轻一代技术人员存在经验不足，难以独立承担研制任务的情况；老一代技术人员掌握的新时代研制风险所要求的新知识和新技能的广度与深度不够，学习难度较大。这导致了在面对一个没有出现过的技术难题时，可能存在解决问题进度缓慢或者无法解决，从而不得不更改技术方案、修改战术技术指标等一系列次生风险。

7. 材料质量性能风险

航天装备研制方案设计、工程研制、设计定型全过程的可靠性决定了航天装备的寿命和性能，而元器件和材料的质量是整个航天装备可靠性的根基。例如，航天装备进入太空之后难以维修，有可能某一元器件的损坏而导致整个航天装备丧失其基本功能。

8. 技术状态控制风险

技术状态是指设计总要求中规定并需要实现的功能和物理特性。技术状态会针对航天装备研制过程中发生的状况做出改变，如果不能充分论证技术状态更改是否合理、不能仔细分析技术状态改变所带来的变化和后果，就仓促修改技术状态，会对研制后续阶段带来更复杂的风险。

（四）管理风险

1. 团队管理风险

（1）项目领导者的能力。在航天装备研制过程中，领导者的能力将是项目实现良好效益的核心。领导者的决策水平指的是研制阶段的领导者对研制全局的把握，问题的预见能力，以及在关键时刻处理问题的能力。然而有的领导者由于经验欠缺，对国际上先进、有效的管理方法和技术不熟悉；有的领导者工作变动频繁，工作量太大，对情况掌握不够，导致管理过程脱节，决策考虑不周。

（2）人员变动。由于混乱的商业氛围以及奖惩体系的欠缺等因素，航天装备研制阶段核心技术人员外流。研制工作人员的变动对研制的顺利运行、前后衔接，以及工作队伍的凝聚会产生很大影响，容易出现人心涣散、工作效率低下、秩序混乱的情况。

（3）培训不够和资格认证不严。使用工艺制造和保障设备需要进行定期维护，设备使用人员同样需要定期进行设备培训、工作态度检查、工作资格认证。有些大型设备是通过国外进口，维修难度大、费用高，这需要充分了解现有人员和人力情况，提高对设备使用人员的培训要求，提高设备使用人员的专业素质，从而及时处理设备出现的突发问题。

（4）考核与奖惩措施欠缺。考核与奖惩措施欠缺会使团队的凝聚力和向心力出现下降，造成部门风气不正，从而带来一些风险。

2. 指挥调度风险

航天装备研制全寿命周期中需要专门的指挥调度部门承担研制计划的实施和调度等管理工作，例如，提出航天装备研制阶段中需要重点关注的问题，应对研制过程中突发事件等情况，而限于众多原因，会出现调度不力、指挥不佳的情况。这必然会给航天装备研制造成损害，我们可以将其称为指挥调度风险。

3. 资源整合风险

资源整合是指有关部门对研制阶段所有相关方各种人力、物力、财力等资源进行整合，合理搭配使之达到最好效果，其中包括跨职能部门的协调、对外的购买、内部资源分配等工作。资源整合工作不到位，分系统研制部门会出现资金短缺、原材料不够、人手不足的问题，研制无法顺利开展，风险发生概率提高。

4. 保障和培训设备管理

用于航天装备研制的保障和培训专用设备过多，若在研制开始后没有生产制造完毕，会拖延进度。同时，为了防止保障性设备经过长期使用发生死机等情况，需要定期维护保养。航天装备的保障设备若未能与装备研制同期考虑，在航天装备研制交付后，其配套的专业保障设备，如专用车辆还在研制中，航天装备照样不可以配备到部队，转化为战斗力。

5. 计划管理风险

航天装备研制需要制订综合计划，统筹安排整个研制过程中的各个工作环节，并且应该随着研制过程的进展情况不断进行修正，以求最大限度满足各方面的需要。研制的每个子系统也有不同的计划，若计划考虑不周或者没有余地，会引发进度风险。

6. 重大试验质量管理风险

在航天装备研制过程中，会对各个分系统以及整个航天装备进行复杂且系统的试验测试，检测其质量是否符合研制要求。如果试验测量出的参数不能有足够高的置信度证明航天装备符合规范要求或未对试验中出现的问题做深入分析，那么这次试验是毫无意义的。航天装备的试验质量管理和控制不力，使得航天装备的可靠性降低，在其全寿命周期中风险发生的概率提高。

7. 费用和进度控制风险

（1）费用超支。新型航天装备战术技术指标不断提高，大量使用新技术、新材料等，会使一些预先研究不足和不成熟的技术被迫使用，使研制过程出现反复修改的情况，造成航天装备研制费用迅速增长并大大超出预算。

（2）经费预算的不准确性。在我国特定国情下，军费支出大，分到各个军种的研制部门的经费相对紧张，某个型号的航天装备研制预算的不准确性可能导致经费不足。另外，承包商为获得军方的合同常有意压低预算，使得现实经费花销高于预算值，使得费用风险大大提高。

（3）经费延迟拨付。按照有关规定，总体单位向国家申请预算后统一拨付航天装备研制经费。当航天装备研制阶段性的工作完成后，总体单位安排相应专家进行评审，评审通过后才会发放下一阶段的研制经费。但由于参与研制的单位财务管理要求不尽相同，经费的分配工作很难推进，最基层的研制团队资金不容易及时到位，对研制进度有很大的影响。

（4）经费分配不合理。在航天装备的研制过程中，各个子阶段、分系统，各种元器件、材料购买等的资金分配不合理，会阻碍研制过程的顺利进行，导致工艺制造无法按时完成，对研制进度有很大影响。

（5）进度计划制订不准确。航天装备研制总体单位将年度计划下发至各分系统研制单位，分系统再按照时间进行详细的计划安排，明确每一项研制项目的底层工作，包括责任人和时间要求。指挥调度的经验、对航天装备研制项目的熟悉程度、对计划时间的冗余安排等因素决定了进度计划的编制与分解是否合理。

（6）进度拖期。在试验过程中，许多航天装备的战术技术指标会出现问题，例如，一些分系统指标不合格、系统综合调试不理想，要是没有及时找出导致这些情况的关键点，归零不彻底，没有提出合理有效的解决方案，就会造成进度拖期风险。

（五）风险识别清单

通过 WBS-RBS 分析法和德尔菲法进行风险识别后，得出航天装备研制风险识别清单，见表 6-4。

表 6-4 航天装备研制风险识别清单

总风险	子风险	底层风险	风险因素
项目总风险	论证阶段遗留风险	主要作战使用性能风险	战术技术指标要求过高或过低
			标准化要求论证不充分
		论证周期风险	进度目标不切实际，难以实现
			形成初步作战能力的时间要求不明确
	环境政策风险	政治环境风险	国际政治关系恶化
			国防发展策略改变
			军方需求的变动
		宏观经济环境风险	物价调整
			海外购买受限制
			外购产品质量和供应的不确定
	技术风险	方案设计风险	参数设计缺少优化
			技术指标分配缺少权衡研究
			接口要求不明确或协调不够
			设计采用未成熟技术或稀有材料且无替代方案
			未考虑制造能力或同步开展工艺设计
			松散的设计评审过程
		技术成熟性风险	缺乏技术储备
			没有充分预研
		技术复杂性风险	技术的快速变化
			技术协调不充分
		软件程序开发风险	软件设计文件不齐全
			开发工具缺乏
			软件测试平台不完善
			软件人员随意性修改
		工艺制造风险	工艺不成熟
			设计与工艺协调不够
			生产工艺和技术装备落后

续表

总风险	子风险	底层风险	风险因素
项目总风险	技术风险	研制人员的技术能力风险	经验不足
			责任心不够
		材料质量性能风险	供方选择不当或随意变更
			原材料、元器件、部组件的选择与控制不当
			没有考虑发现的产品缺陷
		技术状态控制风险	未建立严格的技术状态管理制度
			职能机构不健全
			登记制度不严
			缺乏生产与试验现场处理解决各种问题的具体办法和规定
			工程更改后缺乏验证
	管理风险	团队管理风险	项目领导者的能力
			人员变动
			培训不够和资格认证不严
			考核和奖惩欠缺
		指挥调度风险	调度不力
			指挥不佳
		资源整合风险	跨职能部门的协调不够
			对外的购买、谈判、技术获取协调不够
			资源得不到合理的配置
		保障和培训设备管理风险	未能与装备研制同期考虑
			对使用人员了解不足
			专用保障设备过多
		计划管理风险	综合考虑不周
			计划没有留有余地
		重大试验质量管理风险	未对试验中出现的问题做深入分析
			大型试验质量管理和控制不力
			所测量的关键参数不能给出产品符合规范要求足够高的置信度
		费用和进度风险	费用超支
			经费预算的不准确
			经费延迟拨付

续表

总风险	子风险	底层风险	风险因素
项目总风险	管理风险	费用和进度风险	经费分配不合理
			进度计划制订不准确
			进度拖期

第三节 航天装备研制风险评估

航天装备研制阶段的关键风险在一定程度上揭示了航天装备研制风险的特征。但是，为了充分刻画航天装备研制风险的完整面貌，有必要在风险识别的基础上进一步评估航天装备研制阶段的风险。

一、研制风险评估指标体系构建原则

基于前面对航天装备研制阶段风险识别的分析，并根据航天装备研制的具体特点，得到下列建立航天装备研制风险评估指标体系的原则。

（一）系统性原则

航天装备研制风险评估指标体系应能综合、系统地反映研制风险的整体情况，从中抓住主要研制风险，反映出直接和间接效果，保证模糊综合评估时的全面性和可信度。

（二）全面性原则

航天装备研制风险评估指标体系设计时要对所有已识别的、关键的航天装备研制风险因素进行涵盖。一个全面的航天装备研制风险评估指标体系才能全面地反映研制风险的实际情况，从而实施正确的风险应对措施。

（三）层次性原则

在实践领域中，层次分明、逻辑性强有利于领导者及时掌握了解研制阶段部门内部存在的不足，还有利于研制过程中分系统之间的横向对比。

航天装备研制过程无论是从研制子阶段来看，还是从研制整体来看，都存在许多不明确因素，必须借助航天装备研制方面专家的模糊知识来处理。因此，我们采用模糊综合评价法和层次分析法相结合的方法，利用定量计算来对航天装备研制阶段进行风险评估。

二、研制风险评估指标体系设计

（一）建立递阶层次结构模型

根据本章第二节表6-4航天装备研制风险识别清单，建立航天装备研制风险评估指标体系，见表6-5。航天装备研制阶段风险评估模型分为三级，第三级可影响第二级，第二级可影响第一级。

表6-5 航天装备研制风险评估指标体系

综合指标	一级指标	二级指标	三级指标
项目总风险	论证阶段遗留风险	主要作战使用性能风险	战术技术指标要求过高或过低
			标准化要求论证不充分
		论证周期风险	进度目标不切实际，难以实现
			形成初步作战能力的时间要求不明确
	环境政策风险	政治环境风险	国际政治关系恶化
			国防发展策略改变
			军方需求的变动
		宏观经济环境风险	物价调整
			海外购买受限制
			外购产品质量和供应的不确定
	技术风险	方案设计风险	参数设计缺少优化
			技术指标分配缺少权衡研究
			接口要求不明确或协调不够
			设计采用未成熟技术或稀有材料且无替代方案
			未考虑制造能力或同步开展工艺设计
			松散的设计评审过程
		技术成熟性风险	缺乏技术储备
			没有充分预研
		技术复杂性风险	技术的快速变化
			技术协调不充分

续表

综合指标	一级指标	二级指标	三级指标
项目总风险	技术风险	软件程序开发风险	软件设计文件不齐全
			开发工具缺乏
			软件测试平台不完善
			软件人员随意性修改
		工艺制造风险	工艺不成熟
			设计与工艺协调不够
			生产工艺和技术装备落后
		研制人员的技术能力风险	经验不足
			责任心不够
		材料质量性能风险	供方选择不当或随意变更
			原材料、元器件、部组件的选择与控制不当
			没有考虑发现的产品缺陷
		技术状态控制风险	未建立严格的技术状态管理制度
			职能机构不健全
			登记制度不严
			缺乏生产与试验现场处理解决各种问题的具体办法和规定
			工程更改后缺乏验证
	管理风险	团队管理风险	项目领导者的能力
			人员变动
			培训不够和资格认证不严
			考核和奖惩欠缺
		指挥调度风险	调度不力
			指挥不佳
		资源整合风险	跨职能部门的协调不够
			对外的购买、谈判、技术获取协调不够
			资源得不到合理配置
		保障和培训设备管理风险	未能与装备研制同期考虑
			对使用人员了解不足
			专用保障设备过多
		计划管理风险	综合考虑不周
			计划没有留有余地

续表

综合指标	一级指标	二级指标	三级指标
项目总风险	管理风险	重大试验质量管理风险	未对试验中出现的问题做深入分析
			大型试验质量管理和控制不力
			所测量的关键参数不能给出产品符合规范要求足够高的置信度
		费用和进度风险	费用超支
			经费预算的不准确
			经费延迟拨付
			经费分配不合理
			进度计划制订不准确
			进度拖期

（二）构造比较判断矩阵

根据航天装备发展风险评估指标体系，本节利用专家打分法进行判断矩阵的构建，问卷详见附件 B。共有 10 名专家，全部从事航天装备的研制和管理工作。他们有足够的经验，并且在该领域具有一定的权威性。

对所有打分结果进行归纳，得到判断矩阵，对其进行一致性检验，若检验出不一致则让专家重新进行打分，对判断矩阵进行调整修改。所有判断矩阵的一致性检验通过，相关结果详见附件 C。

（三）层次单排序和一致性检验

构造判断矩阵之后，要进行层次单排序和一致性检验，计算出风险因素的权重。两两比较指标权重见表 6-6。

表 6-6 两两比较指标权重

两两比较	论证阶段遗留风险	环境政策风险	技术风险	管理风险
论证阶段遗留风险	1	1/2	1/5	1/3
环境政策风险	2	1	1/8	1/2
技术风险	5	8	1	3
管理风险	3	2	1/3	1

先计算出判断矩阵的 $\lambda_{max} = 4.1206$，再进行一致性检验，计算相容性指标 CI：

$$CI = \frac{\lambda_{max} - n}{n - 1} = \frac{4.1206 - 4}{4 - 1} = 0.0402 \quad (6-1)$$

当随机性指标 RI = 0.9 时，计算一致性指标 CR：

$$CR = \frac{CI}{RI} = \frac{0.0402}{0.9} = 0.0447 < 0.1 \quad (6-2)$$

由于 CR 小于 0.1，可以认为判断矩阵的构造是合理的，可以计算出一级指标的权重，见表 6-7。

表 6-7 一级指标权重

指标层	权重
论证阶段遗留风险	0.0810
环境政策风险	0.1119
技术风险	0.5935
管理风险	0.2136

采用 MATLAB 编程后进行计算。层次分析法 MATLAB 代码如图 6-4 所示。

```
1   A=[1 2 3 4;1/2 1 1 2;1/3 1 1 1;1/4 1/2 1 1];
2   %这里输入你要分析的A矩阵，这里随便输入了一个
3   [n,~]=size(A);%由于矩阵构造方法的原因,矩阵都是正方形的,所以关于矩阵的大小只需要取一个参数
4   Asum=sum(A,1)%求每一列的和
5   Aprogress=A./(ones(n,1)*Asum);%计算每一列各个元素在这一列占的比例
6   W=sum(Aprogress,2)./n;%每一行元素相加取平均值,需要注意这里W是个列向量且所有值加起来等于1
7   w=A*W;%如果A的矩阵是理想状况的话,这里W=w
8   lam=sum(w./W)/n;%通过这一步最大lam
9   RI=[0, 0, 0.58, 0.9, 1.12, 1.24, 1.32, 1.41, 1.45];
10  CI=(lam-n)/(n-1);
11  CR=CI/RI(n);%计算误差
12  if CR<0.10 %如果误差小于0.1则可以接受
13      disp('此矩阵的一致性可以接受!');
14      disp('CI=');disp(CI);
15      disp('CR=');disp(CR);
16      disp('W=');disp(W);
17  else
18      disp('此矩阵的一致性不可以接受!');
19  end
```

图 6-4 层次分析法 MATLAB 代码

汇总数据：航天装备研制风险管理指标体系权重数据集见表 6-8。

第六章 航天装备研制风险管理

表6-8 航天装备研制风险管理指标体系权重数据集

一级指标	权重	二级指标	相对分层权重	三级指标	相对分层权重	相对项目权重
论证阶段遗留风险	0.0810	主要作战使用性能风险	0.6667	战术技术指标要求过高或过低	0.8333	0.0495
				标准化要求论证不充分	0.1667	0.0099
		论证周期风险	0.3333	进度目标不切实际，难以实现	0.7500	0.0223
				形成初步作战能力的时间要求不明确	0.2500	0.0074
环境政策风险	0.1119	政治环境风险	0.3333	国际政治关系恶化	0.1638	0.0061
				国防发展策略改变	0.2973	0.0111
				军方需求的变动	0.5389	0.0201
		宏观经济环境风险	0.6667	物价调整	0.1609	0.0120
				海外购买受限制	0.0740	0.0055
				外购产品质量和供应的不确定	0.7651	0.0570
技术风险	0.5935	方案设计风险	0.2363	参数设计缺少优化	0.0967	0.0136
				技术指标分配缺少权衡研究	0.1743	0.0244
				接口要求不明确或协调不够	0.1743	0.0244
				设计采用未成熟技术或稀有材料且无替代方案	0.1743	0.0244
				未考虑制造能力或同步开展工艺设计	0.3230	0.0453
				松散的设计评审过程	0.0573	0.0080
		技术成熟性风险	0.1544	缺乏技术储备	0.6667	0.0611
				没有充分预研	0.3333	0.0305
		技术复杂性风险	0.1544	技术的快速变化	0.5000	0.0458
				技术协调不充分	0.5000	0.0458
		软件程序开发风险	0.1178	软件设计文件不齐全	0.0637	0.0045
				开发工具缺乏	0.0976	0.0068
				软件测试平台不完善	0.1969	0.0138
				软件人员随意性修改	0.6418	0.0449

续表

一级指标	权重	二级指标	相对分层权重	三级指标	相对分层权重	相对项目权重
技术风险	0.593 5	工艺制造风险	0.206 4	工艺不成熟	0.122 2	0.015 0
				设计与工艺协调不够	0.229 9	0.028 1
				生产工艺和技术装备落后	0.647 9	0.079 4
		研制人员的技术能力风险	0.057 6	经验不足	0.250 0	0.008 5
				责任心不够	0.750 0	0.025 6
		材料质量性能风险	0.044 2	供方选择不当或随意变更	0.260 5	0.006 8
				原材料、元器件、部组件的选择与控制不当	0.633 3	0.016 6
				没有考虑发现的产品缺陷	0.106 2	0.002 8
		技术状态控制风险	0.029 0	未建立严格的技术状态管理制度	0.170 8	0.002 9
				职能机构不健全	0.152 6	0.002 6
				登记制度不严	0.094 5	0.001 6
				缺乏生产与试验现场处理解决各种问题的具体办法和规定	0.475 2	0.008 2
				工程更改后缺乏验证	0.106 8	0.001 8
管理风险	0.213 6	团队管理风险	0.118 9	项目领导者的能力	0.209 2	0.005 3
				人员变动	0.609 8	0.015 5
				培训不够和资格认证不严	0.113 5	0.002 9
				考核和奖惩欠缺	0.067 5	0.001 7
		指挥调度风险	0.078 7	调度不力	0.333 3	0.005 6
				指挥不佳	0.666 7	0.011 2
		资源整合风险	0.078 7	跨职能部门的协调不够	0.174 1	0.002 9
				对外地购买、谈判、技术获取	0.103 3	0.001 7
				资源得不到合理的配置	0.722 5	0.012 1

续表

一级指标	权重	二级指标	相对分层权重	三级指标	相对分层权重	相对项目权重
管理风险	0.213 6	保障和培训设备管理风险	0.063 8	未能与装备研制同期考虑	0.666 7	0.009 1
				对使用人员了解不足	0.222 2	0.003 0
				专用保障设备过多	0.111 1	0.001 5
		计划管理风险	0.188 3	综合考虑不周	0.666 7	0.026 8
				计划没有留有余地	0.333 3	0.013 4
		重大试验质量管理风险	0.045 0	未对试验中出现的问题做深入分析	0.142 9	0.001 4
				大型试验质量管理和控制不力	0.571 4	0.005 5
				所测量的关键参数不能给出产品符合规范要求足够高的置信度	0.285 7	0.002 7
		费用和进度风险	0.426 6	费用超支	0.072 5	0.006 6
				经费预算的不准确	0.226 1	0.020 6
				经费延迟拨付	0.191 1	0.017 4
				经费分配不合理	0.136 6	0.012 4
				进度计划制订不准确	0.130 5	0.011 9
				进度拖期	0.243 1	0.022 1

三、研制风险评估模型构建

本书使用模糊综合评价法，针对每个指标设置了 5 个等级评价标准，即 $V = [V_1, V_2, V_3, V_4, V_5] = [$特别重大风险，重大风险，较大风险，一般风险，较小风险$]$，赋值为 $V = [100，80，60，40，20]$，问卷调查表详见附件 D。

本次调研在 30 位任职于航天装备研制岗位的工程师和与航天装备研制有合作项目的相关领域经验丰富的专家中展开，专家对航天装备研制风险指标体系进行评估，由每个专家依据工作的实际情况单独对每个三级指标进行等级打分。由于指标的模糊性，统计每个人对该三级指标的打分频次，得出该三级指标属于某个评价等级的隶属度，取 30 位赞同该指标的评价等级的比例为隶属度。调查问卷统计情况如表 6-9 所示。

表6-9 调查问卷统计情况

指标	特别重大风险	重大风险	较大风险	一般风险	较小风险
战术技术指标要求过高或过低	15	12	3	0	0
标准化要求论证不充分	9	11	8	1	1
进度目标不切实际，难以实现	14	12	4	0	0
形成初步作战能力的时间要求不明确	8	12	9	1	0
国际政治关系恶化	13	11	6	0	0
国防发展策略改变	3	10	15	1	1
军方需求的变动	13	11	6	0	0
物价调整	11	10	8	1	0
海外购买受限制	8	7	10	3	2
外购产品质量和供应的不确定	10	10	9	0	1
参数设计缺少优化	6	6	12	3	3
技术指标分配缺少权衡研究	9	10	7	3	1
接口要求不明确或协调不够	6	5	13	3	3
设计采用未成熟技术或稀有材料满足技术性能指标要求且无替代方案	17	7	5	1	0
未考虑制造能力或同步开展工艺设计	14	9	6	0	1
松散的设计评审过程	5	5	14	3	3
缺乏技术储备	13	9	3	3	2
没有充分预研	12	10	7	1	0
技术的快速变化	8	10	8	3	1
技术协调不充分	9	9	10	1	1
软件设计文件不齐全	5	13	5	4	3
开发工具缺乏	6	10	6	5	0
软件测试平台不完善	3	2	17	5	3
软件人员随意性修改	15	10	4	1	0
工艺不成熟	12	13	2	3	0
设计与工艺协调不够	13	10	4	2	1
生产工艺和技术装备落后	10	12	6	2	0
经验不足	8	9	10	3	0
责任心不够	8	12	8	2	0
供方选择不当或随意变更	12	13	2	3	0

第六章 航天装备研制风险管理

续表

指标	特别重大风险	重大风险	较大风险	一般风险	较小风险
原材料、元器件、部组件的选择与控制不当	13	14	3	0	0
没有考虑发现的产品缺陷	15	13	1	1	0
未建立严格的技术状态管理制度	6	13	6	3	2
职能机构不健全	7	14	5	3	1
登记制度不严	4	3	15	5	3
缺乏生产与试验现场处理解决各种问题的具体办法和规定	13	10	6	1	0
工程更改后缺乏验证	9	15	6	0	0
项目领导者的能力	10	15	4	1	0
人员变动	16	13	1	0	0
培训不够和资格认证不严	5	10	8	4	3
考核和奖惩欠缺	1	4	16	5	3
调度不力	9	13	7	1	0
指挥不佳	10	12	5	2	1
跨职能部门的协调不够	8	9	10	1	2
对外的购买、谈判、技术获取协调不够	5	9	11	3	2
资源得不到合理的配置	13	9	6	2	0
未能与装备研制同期考虑	15	13	2	0	0
对使用人员了解不足	1	10	16	3	0
专用保障设备过多	0	4	20	5	1
综合考虑不周	13	9	6	2	0
计划没有留有余地	12	8	8	2	0
未对试验中出现的问题做深入分析	10	15	4	1	0
大型试验质量管理和控制不力	10	12	5	2	1
所测量的关键参数不能给出产品符合规范要求足够高的置信度	7	14	5	3	1
费用超支	13	12	4	1	0
经费预算的不准确	12	8	8	2	0
经费延迟拨付	8	8	9	4	1
经费分配不合理	13	5	6	5	1
进度计划制订不合理	9	9	4	5	3
进度拖期	8	8	10	3	1

据此，可以得到三级指标的模糊隶属度如表6-10所示。

表6-10 三级指标的模糊隶属度

指标	特别重大风险	重大风险	较大风险	一般风险	较小风险
战术技术指标要求过高	0.5	0.4	0.1	0	0
标准化要求论证不充分	0.3	0.366 667	0.266 667	0.033 333	0.033 333
进度目标不切实际，难以实现	0.466 667	0.4	0.133 333	0	0
形成初步作战能力的时间要求不明确	0.266 667	0.4	0.3	0.033 333	0
国际政治关系恶化	0.433 333	0.366 667	0.2	0	0
国防发展策略改变	0.1	0.333 333	0.5	0.033 333	0.033 333
军方需求的变动	0.433 333	0.366 667	0.2	0	0
物价调整	0.366 667	0.333 333	0.266 667	0.033 333	0
海外购买受限制	0.266 667	0.233 333	0.333 333	0.1	0.066 667
外购产品质量和供应的不确定	0.333 333	0.333 333	0.3	0	0.033 333
参数设计缺少优化	0.2	0.2	0.4	0.1	0.1
技术指标分配缺少权衡研究	0.3	0.333 333	0.233 333	0.1	0.033 333
接口要求不明确或协调不够	0.2	0.166 667	0.433 333	0.1	0.1
设计采用未成熟技术或稀有材料满足技术性能指标要求且无替代方案	0.566 667	0.233 333	0.166 667	0.033 333	0
未考虑制造能力或同步开展工艺设计	0.466 667	0.3	0.2	0	0.033 333
松散的设计评审过程	0.166 667	0.166 667	0.466 667	0.1	0.1
缺乏技术储备	0.433 333	0.3	0.1	0.1	0.066 667
没有充分预研	0.4	0.333 333	0.233 333	0.033 333	0
技术的快速变化	0.266 667	0.333 333	0.266 667	0.1	0.033 333
技术协调不充分	0.3	0.3	0.333 333	0.033 333	0.033 333
软件设计文件不齐全	0.166 667	0.433 333	0.166 667	0.133 333	0.1
开发工具缺乏	0.2	0.333 333	0.2	0.166 667	0.1
软件测试平台不完善	0.1	0.066 667	0.566 667	0.166 667	0.1
软件人员随意性修改	0.5	0.333 333	0.133 333	0.033 333	0

续表

指标	特别重大风险	重大风险	较大风险	一般风险	较小风险
工艺不成熟	0.4	0.433 333	0.066 667	0.1	0
设计与工艺协调不够	0.433 333	0.333 333	0.133 333	0.066 667	0.033 333
生产工艺和技术装备落后	0.333 333	0.4	0.2	0.066 667	0
经验不足	0.266 667	0.3	0.333 333	0.1	0
责任心不够	0.266 667	0.4	0.266 667	0.066 667	0
供方选择不当或随意变更	0.4	0.433 333	0.066 667	0.1	0
原材料、元器件、部组件的选择与控制不当	0.433 333	0.466 667	0.1	0	0
没有考虑发现的产品缺陷	0.5	0.433 333	0.033 333	0.033 333	0
未建立严格的技术状态管理制度	0.2	0.433 333	0.2	0.1	0.066 667
职能机构不健全	0.233 333	0.466 667	0.166 667	0.1	0.033 333
登记制度不严	0.133 333	0.1	0.5	0.166 667	0.1
缺乏生产与试验现场处理解决各种问题的具体办法和规定	0.433 333	0.333 333	0.2	0.033 333	0
工程更改后缺乏验证	0.3	0.5	0.2	0	0
项目领导者的能力	0.333 333	0.5	0.133 333	0.033 333	0
人员变动	0.533 333	0.433 333	0.033 333	0	0
培训不够和资格认证不严	0.166 667	0.333 333	0.266 667	0.133 333	0.1
考核和奖惩欠缺	0.033 333	0.133 333	0.533 333	0.166 667	0.1
调度不力	0.3	0.433 333	0.233 333	0.033 333	0
指挥不佳	0.333 333	0.4	0.166 667	0.066 667	0.033 333
跨职能部门的协调不够	0.266 667	0.3	0.333 333	0.033 333	0.066 667
对外的购买、谈判、技术获取协调不够	0.166 667	0.3	0.366 667	0.1	0.066 667
资源得不到合理的配置	0.433 333	0.3	0.2	0.066 667	0
未能与装备研制同期考虑	0.5	0.433 333	0.066 667	0	0
对使用人员了解不足	0.033 333	0.333 333	0.533 333	0.1	0
专用保障设备过多	0	0.133 333	0.666 667	0.166 667	0.033 333
综合考虑不周	0.433 333	0.3	0.2	0.066 667	0
计划没有留有余地	0.4	0.266 667	0.266 667	0.066 667	0
未对试验中出现的问题做深入分析	0.333 333	0.5	0.133 333	0.033 333	0

续表

指标	特别重大风险	重大风险	较大风险	一般风险	较小风险
大型试验质量管理和控制不力	0.333 333	0.4	0.166 667	0.066 667	0.033 333
所测量的关键参数不能给出产品符合规范要求足够高的置信度	0.233 333	0.466 667	0.166 667	0.1	0.033 333
费用超支	0.433 333	0.4	0.133 333	0.033 333	0
经费预算的不准确	0.4	0.266 667	0.266 667	0.066 667	0
经费延迟拨付	0.266 667	0.266 667	0.3	0.133 333	0.033 333
经费分配不合理	0.433 333	0.166 667	0.2	0.166 667	0.033 333
进度计划制订不合理	0.3	0.3	0.133 333	0.166 667	0.1
进度拖期	0.266 667	0.266 667	0.333 333	0.1	0.033 333

根据模糊综合评价法给出的公式计算得出战术技术指标要求过高或过低的评分：

$$B = WR = (100 \quad 80 \quad 60 \quad 40 \quad 20) \times \begin{pmatrix} 0.5 \\ 0.4 \\ 0.1 \\ 0 \\ 0 \end{pmatrix} = 88 \quad (6-3)$$

其他三级指标计算步骤相同，故经过计算可得三级指标的评分如表 6-11 所示。

表 6-11 三级指标的评分

三级指标	评分
战术技术指标要求过高	88.000 0
标准化要求论证不充分	77.333 4
进度目标不切实际，难以实现	86.666 7
形成初步作战能力的时间要求不明确	78.000 0
国际政治关系恶化	84.666 7
国防发展策略改变	68.666 6
军方需求的变动	84.666 7
物价调整	80.666 7
海外购买受限制	70.666 7
外购产品质量和供应的不确定	78.666 6

续表

三级指标	评分
参数设计缺少优化	66.000 0
技术指标分配缺少权衡研究	75.333 3
接口要求不明确或协调不够	65.333 3
设计采用未成熟技术或稀有材料满足技术性能指标要求且无替代方案	86.666 7
未考虑制造能力或同步开展工艺设计	83.333 4
松散的设计评审过程	64.000 1
缺乏技术储备	78.666 6
没有充分预研	81.999 9
技术的快速变化	74.000 0
技术协调不充分	76.000 0
软件设计文件不齐全	68.666 7
开发工具缺乏	67.333 3
软件测试平台不完善	58.000 1
软件人员随意性修改	85.999 9
工艺不成熟	82.666 7
设计与工艺协调不够	81.333 3
生产工艺和技术装备落后	80.000 0
经验不足	74.666 7
责任心不够	77.333 4
供方选择不当或随意变更	82.666 7
原材料、元器件、部组件的选择与控制不当	86.666 7
没有考虑发现的产品缺陷	87.999 9
未建立严格的技术状态管理制度	72.000 0
职能机构不健全	75.333 3
登记制度不严	60.000 0
缺乏生产与试验现场处理解决各种问题的具体办法和规定	83.333 3
工程更改后缺乏验证	82.000 0
组织管理机制不够有效	74.666 7
职能机构不够健全	69.333 4
管理规章不够完善	68.666 7
项目领导者的能力	82.666 6
人员变动	89.999 9

续表

三级指标	评分
培训不够和资格认证不严	66.666 7
考核和奖惩欠缺	54.666 6
调度不力	79.999 9
指挥不佳	78.666 7
跨职能部门的协调不够	73.333 3
对外的购买、谈判、技术获取协调不够	68.000 1
资源得不到合理的配置	82.000 0
未能与装备研制同期考虑	88.666 7
对使用人员了解不足	65.999 9
专用保障设备过多	58.000 0
综合考虑不周	82.000 0
计划没有留有余地	80.000 1
未对试验中出现的问题做深入分析	82.666 6
大型试验质量管理和控制不力	78.666 7
所测量的关键参数不能给出产品符合规范要求足够高的置信度	75.333 3
费用超支	84.666 6
经费预算的不准确	80.000 1
经费延迟拨付	72.000 0
经费分配不合理	76.000 0
进度计划制订不合理	70.666 7
进度拖期	72.666 7

将三级指标的模糊隶属度与其对应的权重相乘即可得到二级指标的模糊隶属度，如表6-12所示。

表6-12 二级指标的模糊隶属度

二级指标	特别重大风险	重大风险	较大风险	一般风险	较小风险
主要作战使用性能风险	0.466 7	0.394 4	0.127 8	0.005 6	0.005 6
论证周期风险	0.416 7	0.400 0	0.175 0	0.008 3	0
政治环境风险	0.334 3	0.356 8	0.289 2	0.009 9	0.009 9
宏观经济环境风险	0.333 8	0.325 9	0.297 1	0.012 8	0.030 4
方案设计风险	0.365 5	0.253 6	0.275 3	0.056 1	0.049 4
技术成熟性风险	0.422 2	0.311 1	0.144 4	0.077 8	0.044 4

第六章　航天装备研制风险管理

续表

二级指标	特别重大风险	重大风险	较大风险	一般风险	较小风险
技术复杂性风险	0.283 3	0.316 7	0.300 0	0.066 7	0.033 3
软件程序开发风险	0.370 7	0.287 2	0.227 3	0.079 0	0.035 8
工艺制造风险	0.364 5	0.388 7	0.168 4	0.070 7	0.007 7
研制人员的技术能力风险	0.266 7	0.375 0	0.283 3	0.075 0	0
材料质量性能风险	0.431 7	0.454 4	0.084 2	0.029 6	0
技术状态控制风险	0.320 3	0.366 5	0.223 2	0.063 9	0.025 9
团队管理风险	0.416 1	0.415 7	0.114 5	0.033 4	0.018 1
指挥调度风险	0.322 2	0.411 1	0.188 9	0.055 6	0.022 2
资源整合风险	0.376 7	0.300 0	0.240 4	0.064 3	0.018 5
保障和培训设备管理风险	0.340 8	0.377 8	0.237 0	0.040 7	0.003 7
计划管理风险	0.422 2	0.288 9	0.222 2	0.066 7	0
重大试验质量管理风险	0.304 8	0.433 3	0.161 9	0.071 4	0.028 6
费用和进度风险	0.336 0	0.267 0	0.253 0	0.111 8	0.032 1

将二级指标的模糊隶属度与其对应的权重相乘，即可得到一级指标的模糊隶属度，如表6-13所示。

表6-13　一级指标的模糊隶属度

一级指标	特别重大风险	重大风险	较大风险	一般风险	较小风险
论证阶段遗留风险	0.450 0	0.396 3	0.143 5	0.006 5	0.003 7
环境政策风险	0.334 0	0.336 2	0.294 5	0.011 8	0.023 6
技术风险	0.357 9	0.323 2	0.221 7	0.066 9	0.030 2
管理风险	0.362 8	0.317 3	0.219 6	0.079 5	0.020 6

航天装备研制总风险的评价向量计算为：

$$\boldsymbol{R}_1 = (0.081\ 0 \quad 0.111\ 9 \quad 0.593\ 5 \quad 0.213\ 6) \times \begin{bmatrix} 0.450\ 0 & 0.396\ 3 & 0.143\ 5 & 0.006\ 5 & 0.003\ 7 \\ 0.334\ 0 & 0.336\ 2 & 0.294\ 5 & 0.011\ 8 & 0.023\ 6 \\ 0.357\ 9 & 0.323\ 2 & 0.221\ 7 & 0.066\ 9 & 0.030\ 2 \\ 0.362\ 8 & 0.317\ 3 & 0.219\ 6 & 0.079\ 5 & 0.020\ 6 \end{bmatrix} \quad (6-4)$$

$$= (0.363\ 7 \quad 0.329\ 3 \quad 0.223\ 1 \quad 0.058\ 5 \quad 0.025\ 3)$$

总风险的评分值为：

$$B_1 = WR_1 = (100 \quad 80 \quad 60 \quad 40 \quad 20) \times \begin{pmatrix} 0.363\ 7 \\ 0.329\ 3 \\ 0.223\ 1 \\ 0.058\ 5 \\ 0.025\ 3 \end{pmatrix} = 78.946\ 0 \quad (6-5)$$

四、研制阶段风险因素大小排序

根据前文分析可得出研制阶段风险因素评分排序，如表 6-14 所示。

表 6-14 风险因素评分排序

三级指标	评分
人员变动	89.999 9
未能与装备研制同期考虑	88.666 7
战术技术指标要求过高或过低	88
没有考虑发现的产品缺陷	87.999 9
进度目标不切实际，难以实现	86.666 7
设计采用未成熟技术或稀有材料满足技术性能指标要求且无替代方案	86.666 7
原材料、元器件、部组件的选择与控制不当	86.666 7
软件人员随意性修改	85.999 9
国际政治关系恶化	84.666 7
军方需求的变动	84.666 7
费用超支	84.666 6
未考虑制造能力或同步开展工艺设计	83.333 4
缺乏生产与试验现场处理解决各种问题的具体办法和规定	83.333 3
工艺不成熟	82.666 7
供方选择不当或随意变更	82.666 7
项目领导者的能力	82.666 6
未对试验中出现的问题做深入分析	82.666 6
工程更改后缺乏验证	82
资源得不到合理的配置	82
综合考虑不周	82
没有充分预研	81.999 9
设计与工艺协调不够	81.333 3
物价调整	80.666 7

续表

三级指标	评分
计划没有留有余地	80.000 1
经费预算的不准确	80.000 1
生产工艺和技术装备落后	80
调度不力	79.999 9
指挥不佳	78.666 7
大型试验质量管理和控制不力	78.666 7
外购产品质量和供应的不确定	78.666 6
缺乏技术储备	78.666 6
形成初步作战能力的时间要求不明确	78
标准化要求论证不充分	77.333 4
责任心不够	77.333 4
技术协调不充分	76
经费分配不合理	76
技术指标分配缺少权衡研究	75.333 3
职能机构不健全	75.333 3
所测量的关键参数不能给出产品符合规范要求足够高的置信度	75.333 3
经验不足	74.666 7
组织管理机制不够有效	74.666 7
技术的快速变化	74
跨职能部门的协调不够	73.333 3
进度拖期	72.666 7
未建立严格的技术状态管理制度	72
经费延迟拨付	72
海外购买受限制	70.666 7
进度计划制订不合理	70.666 7
职能机构不够健全	69.333 4
软件设计文件不齐全	68.666 7
管理规章不够完善	68.666 7
国防发展策略改变	68.666 6
对外的购买、谈判、技术获取协调不够	68.000 1
开发工具缺乏	67.333 3
培训不够和资格认证不严	66.666 7

续表

三级指标	评分
参数设计缺少优化	66
对使用人员了解不足	65.999 9
接口要求不明确或协调不够	65.333 3
松散的设计评审过程	64.000 1
登记制度不严	60
软件测试平台不完善	58.000 1
专用保障设备过多	58
考核和奖惩欠缺	54.666 6

通过综合评价得知，该航天装备研制的总风险评分为 78.946 0，处于重大风险与较大风险之间；通过风险因素分析可知，在三级风险指标中，人员变动、未能与装备研制同期考虑、战术技术指标要求过高或过低等几项指标的危险系数较大，在风险应对和监控中应该给予更多重视。

第四节　航天装备研制风险应对与监控

航天装备研制阶段经过风险识别和评估工作后，明确航天装备研制风险的具体问题，在充分分析各种应对策略后，针对这些风险因素采取最合适的风险应对策略，从而制定处理研制风险的方法和活动，将航天装备研制风险控制在可以接受的范围之内。在航天装备研制过程中，因为风险的随机性，预测的风险可能会消失，新的风险可能会出现，必须对研制风险进行监控，及时修改航天装备研制风险应对策略，以保证研制风险管理达到预期目标。

一、航天装备研制风险应对策略

航天装备研制阶段风险应对策略一般分为以下四类。

（1）航天装备研制阶段风险规避：消除航天装备研制阶段风险源，如更改设计方案、技术要求、规范等，即取消航天装备研制阶段某项不确定性因素。要实现风险规避，需了解航天装备的研制要求和制约研制顺利进行的约束关系，应与研制要求分析同时开展。

（2）航天装备研制阶段风险降低：尽量降低航天装备研制阶段风险出现

第六章 航天装备研制风险管理

的可能性以及结果的严重性。选择风险降低的措施应对航天装备研制风险,如物价调整风险,应整体评估应对效果,继续关注剩余风险或可能产生的次生风险。

(3) 航天装备研制阶段风险转移:将风险可能产生的损失完全或部分转移给其他相关方。例如,前面的生产工艺和技术装备落后可以转移给承包商,为其提供资金支持,使其进行生产设备的更新,从而提高生产工艺。

(4) 航天装备研制阶段风险承担:判定航天装备研制风险可以容忍并予以接受的程度。该措施多用于可接受范围内的风险,例如,前面的考核和奖惩欠缺、软件测试平台不完善都是可以承担的。

除了上述策略之外,在风险管理过程中,要注重突出重点,根据前面航天装备研制阶段风险评估结果,航天装备研制阶段风险方面应该突出应对人员变动等关键风险;另外,要根据内外条件的变化,及时识别、评估、调整航天装备研制风险的应对措施。

二、航天装备研制风险应对的过程

结合航天装备研制的三个子阶段,航天装备研制风险应对具体过程如图 6-5 所示。

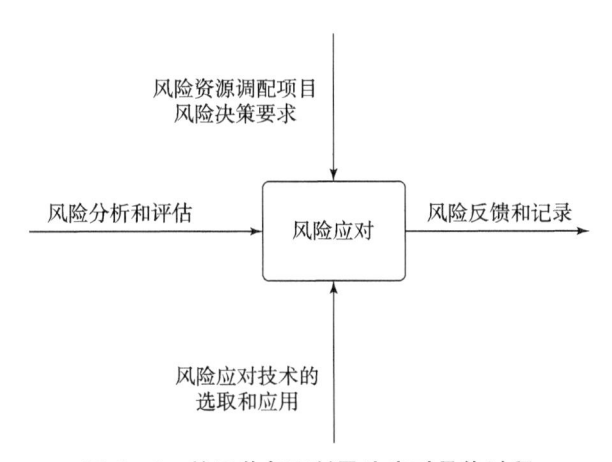

图 6-5 航天装备研制风险应对具体过程

(1) 对航天装备研制风险进行分析,找出造成该风险的原因及其发生的路径机制,研究得出风险的严重程度。

(2) 对该航天装备研制项目进行项目资源优化调整,查阅以前项目的风险记录,并参考该项目的风险规划和管理方案,结合项目需求,明确处理该风险的项目要求,以及要达到的风险决策效用。

(3) 航天装备研制风险应对技术的选取和运用。

(4) 采用具体的风险应对措施进行航天装备研制风险处理，对风险发生、处理、反馈过程进行文档记录。

三、航天装备研制阶段关键风险应对措施

研制阶段关键风险的应对措施如表 6-15 所示。

表 6-15 研制阶段关键风险的应对措施

综合指标	一级指标	二级指标	风险因素	应对要点和建议
项目总风险	论证阶段遗留风险	主要作战使用性能风险	战术技术指标要求过高或过低	(1) 充分借鉴国外同类装备经验； (2) 使用单位应充分参与； (3) 坚持调查研究的论证原则； (4) 各项指标综合择优论证
			标准化要求论证不充分	
		论证周期风险	进度目标不切实际，难以实现	(1) 综合权衡技术性能指标与进度要求； (2) 综合权衡投资强度与进度要求； (3) 充分考虑现有国防科研生产能力
			形成初步作战能力的时间要求不明确	
	环境政策风险	政治环境风险	国际政治关系恶化	开展多方案选择，尽量减少外部环境的影响
			国防发展策略改变	
			军方需求的变动	
		宏观经济环境风险	物价调整	(1) 与订购方充分沟通； (2) 研制生产所需的关键元器件应当立足国内保障； (3) 做好备用方案选择
			海外购买受限制	
			外购产品质量和供应的不确定	
	技术风险	方案设计风险	参数设计缺少优化	(1) 开展参数优化与权衡分析； (2) 技术指标分配进行充分验证； (3) 加强接口协调与控制，设计师系统充分协
			技术指标分配缺少权衡研究	
			接口要求不明确或协调不够	

续表

综合指标	一级指标	二级指标	风险因素	应对要点和建议
项目总风险	技术风险	方案设计风险	设计采用未成熟技术或稀有材料且无替代方案	商，明确定义与记录； （4）控制未成熟技术的比例，优先采用成熟技术和通用化、系列化、组合化产品； （5）设计与制造人员共同参与方案设计； （6）制订设计评审计划
			未考虑制造能力或同步开展工艺设计	
			松散的设计评审过程	
		技术成熟性风险	缺乏技术储备	适时开展技术成熟度评价
			没有充分预研	
		技术复杂性风险	技术的快速变化	研制相关部门充分沟通交流
			技术协调不充分	
		软件程序开发风险	软件设计文件不齐全	（1）开展软件工程化，使用相应的软件工程规范、标准和手册； （2）开发并使用合适的软件开发工具，确保软件设计质量； （3）软件测试应规范化，根据具体型号自身特点制定软件测试规范； （4）强调软件开发人员之间的自检、互检和复检
			开发工具缺乏	
			软件测试平台不完善	
			软件人员随意性修改	
		工艺制造风险	工艺不成熟	（1）加强关键工艺验证工作； （2）制定合理正确的工艺路线； （3）准确选用工艺设备，进行认真校准
			设计与工艺协调不够	
			生产工艺和技术装备落后	
		研制人员的技术能力风险	经验不足	（1）新老研制人员帮扶； （2）加强考核监督
			责任心不够	
		材料质量性能风险	供方选择不当或随意变更	（1）加强采购管理，与供方充分沟通； （2）制定元器件质量控制的规范要求
			原材料、元器件、部组件的选择与控制不当	
			没有考虑发现的产品缺陷	

续表

综合指标	一级指标	二级指标	风险因素	应对要点和建议
项目总风险	管理风险	技术状态控制风险	未建立严格的技术状态管理制度	（1）加强技术状态管理标准的宣贯实施； （2）建立管理委员会； （3）严格管控技术状态更改； （4）建立技术状态动态管理系统，及时通报技术状态变化情况，以便反馈并能及时协调与配套地进行修改
			职能机构不健全	
			登记制度不严格	
			缺乏生产与试验现场处理解决各种问题的具体办法和规定	
			工程更改后缺乏验证	
		团队管理风险	项目领导者的能力	（1）选拔高级管理者应注意素质和经验； （2）加强培训与交流； （3）负责人保持相对稳定； （4）重视对风险管理人员的选择； （5）加强各级人员的培训工作； （6）认真进行资格考核
			人员变动	
			培训不足和资格认证不严格	
			考核和奖惩欠缺	
		指挥调度风险	调度不力	加强指挥调度制度建设
			指挥不佳	
		资源整合风险	跨职能部门的协调不够	（1）与供方充分沟通，确保要求是充分与适宜的； （2）研制各部门加强沟通交流
			对外的购买、谈判、技术获取协调不够	
			资源得不到合理的配置	
		保障和培训设备管理风险	未能与装备研制同期考虑	（1）与装备研制同期； （2）加强权衡研究； （3）加强对实际使用人员的了解； （4）减少专用设备的数量
			对使用人员了解不足	
			专用保障设备过多	
		计划管理风险	综合考虑不周	（1）综合计划随着研制过程进展情况和试验结果定期修订并不断调整； （2）计划安排在进度上留有合理且足够的余地
			计划没有留有余地	

续表

综合指标	一级指标	二级指标	风险因素	应对要点和建议
项目总风险	管理风险	重大试验质量管理风险	未对试验中出现的问题做深入分析	（1）严格故障的报告、登记和分析制度； （2）对试验发现的故障和缺陷，采取有效的纠正措施，并进行试验验证； （3）做好试验过程与结果的记录，确保数据的完整性和准确性； （4）加强大型试验质量管理
			大型试验质量管理和控制不力	
			所测量的关键参数不能给出产品符合规范要求足够高的置信度	
		费用和进度风险	费用超支	（1）及早开展成本控制工作； （2）引入有限的竞争机制； （3）合理安排进度，对重大风险留有时间裕度，以防风险事件发生总体进度计划受到冲击
			经费预算的不准确性	
			经费延迟拨付	
			经费分配不合理	
			进度计划制订不准确	
			进度拖期	

四、航天装备研制风险监控

航天装备研制周期长、不确定性大，过程中可能会给航天装备研制带来各种风险。风险监控在航天装备研制全寿命周期内持续进行，动态地掌握航天装备研制阶段风险的变化情况，无论是未评估的、已评估的、已应对的还是已发生的风险都必须监控，从而达到风险管理的目的。

航天装备研制阶段风险监控作为航天装备研制全寿命周期中的重要环节和重点工作，在具体开展中尤其应重视研究如何通过制定航天装备研制风险管理体系，推动研制有关部门及时制定风险监控对策，并从始至终密切关注研制全寿命周期中的风险问题，积极开展风险应对和管理。另外，为加强军方对风险的监控力度，各子周期决策点应对航天装备研制的风险管理计划进行明确评估，对研制有关部门的人员、设备、计划、经费、进度、管理、保障提出严格的要求，以便对技术方案设计、工艺制造、初样定型解读进行全过程、全方位的监控。

航天装备的研制，是研制单位根据委托方的要求和当今装备研制科学与技术的能力相结合进行科技创新的产品，也包括委托方对航天装备研制项目整个生命周期进行管理决策与应对的过程。这就决定了风险管理有两个关键因素。

第一，研制有关部门是航天装备研制风险管理的主体，提高研制有关部门的风险识别分析能力以及研制有关部门采取行动实施风险决策的能力是风险管理的关键。第二，委托方对研制单位的风险管理过程需要加以有效的监控，这是减少航天装备研制风险不可或缺的一环。

本 章 小 结

航天装备研制风险管理是为确定和度量航天装备研制阶段风险，制定、选择和管理风险处理方案的过程，是针对航天装备研制阶段风险开展的组织、计划、协调、控制、指挥等活动。根据风险管理的概念及其所要达到的目标，本章将航天装备研制的风险管理过程归纳为风险识别、风险评估和风险应对与监控三个方面，分别解决了如何发现、是否处理，以及如何处理的问题。开展航天装备研制风险管理，就是不满足仅采用感性认识和经验判断来进行风险识别，而使用更加科学的 WBS – RBS 分析法与德尔菲法相结合，识别出航天装备研制阶段的关键风险，有针对性地实施风险应对策略，引导组织追求航天装备研制风险管理的不断提升。本章在分析航天装备研制阶段风险识别的内容后，建立起与之对应的评估指标体系。在此理论基础上，运用层次分析法在 MATLAB 软件上对相关指标权重进行确定，建立了量化的、高可靠性的、强应用度的航天装备研制风险评估指标体系。并且运用了模糊综合评价法对评估指标体系进行了应用，得出了航天装备研制风险因素评分排序。本章综合采取 WBS – RBS 分析法与德尔菲法相结合对风险识别进行了分析，最后得到了航天装备研制阶段风险识别清单，并对已识别出的风险进行了较为翔实的分析，为后续航天装备研制阶段的风险评估打下了坚实的基础。

思 考 题

1. 论述航天装备研制风险特点及其识别。
2. 结合实际情况思考加强航天装备研制风险管理的方法。

第七章

航天装备试验风险管理

学习目标

通过学习本章，学生应能了解航天装备试验风险管理的概念、内涵、分类、特点，掌握航天装备试验风险管理的目标和内容，基本明白航天装备试验风险识别、评估和应对的内容、过程与方法，具备航天装备试验领域典型风险的基本管理能力。

主要内容

（1）航天装备试验风险管理概述；
（2）航天装备试验风险识别；
（3）航天装备试验风险评估；
（4）航天装备试验风险控制。

航天装备试验是连接装备论证、研制和装备生产的桥梁，对于把控装备性能指标，确保装备生产质量，提高装备使用可靠性等有着重要意义，是航天装备全寿命周期的重要组成部分。包括航天装备在内的各种类型的装备试验本身是一项复杂的系统工程，风险性高，危险性大，一旦试验发生意外，将给国家造成巨大的经济损失。因此，开展航天装备全寿命周期风险分析时必须重视和加强航天装备试验风险的分析与研究。

第一节 航天装备试验风险管理概述

开展航天装备试验风险识别、评估、应对等风险管理工作之前，有必要对装备试验、航天装备试验、航天装备试验风险，以及航天装备试验风险管理等事物本身有一个清醒的认识与把握。

一、航天装备试验

试验指的是在未知事物，或对他人已知的某种事物而在自己未知的时候，为了了解它的性能或者结果而进行的试探性操作。由此可以看出，试验是对未知事物的一种认识方法，强调通过"试"或者"用"得出结论，具有某种程度研究的属性。

（一）概念

结合试验的一般性概念，我们可以给出航天装备试验的概念。所谓航天装备试验，是指为验证航天装备的性能、寿命和可靠性等战术技术指标而进行的全面检测试验。通过航天装备试验鉴定，不仅可以完成既定的决策目标，还可以对航天装备在作战使用中可能存在的缺陷和隐患进行完善或改进。航天装备试验过程是为了获取、核实和提供航天装备研制进展、作战效能、体系贡献度（率）、作战适用性或作战生存性等决策数据，针对被试系统或部件所采取的步骤或行动，并对获取数据进行分析以提供相关决策信息的过程。

（二）内涵

从认识论角度讲，航天装备试验通常包括三个过程，即观察过程、揭示过程和推理判断过程。

（1）观察过程。即通过对被试装备的观察测量，获取数据，取得证据。

（2）揭示过程。即运用相关试验理论、方法，对被试装备内在特性、缺陷等进行分析，从而揭示出被试装备的内在特点和规律。

（3）推理判断过程。即对被试装备试验结果进行综合分析、判断，并得出结论，是对被试装备内在特性和规律认识的升华。

从活动开展角度讲，航天装备试验包括两个方面：试验和鉴定。

（1）试验，是指对新研制的航天装备的硬件或软件（包括模型、样机、生产设备和计算机程序等）进行实际测试，获取有价值的数据和资料。

（2）鉴定，是指对试验获得的数据、资料进行审查、汇编和分析，并与预期的性能进行比较，为决策工作提供科学依据。

（三）分类

航天装备试验对象可以是零件、部件、分系统，也可以是航天器整体。根据其实施环境不同，航天装备试验分为地面试验和飞行试验（特指航天器）两个方面。根据试验不同，航天装备试验又分为研制试验、鉴定试验、验收试验、寿命试验和可靠性试验等。

1. 地面试验

航天装备的地面试验包括环境模拟试验、功能试验和协调试验。

（1）环境模拟试验。环境模拟试验是在模拟使用条件下考核航天装备的功能和适应性。试验的主要内容包括振动试验、冲击试验、声学试验、运输环境试验、地面调温试验、热真空试验、磁环境试验等。

（2）功能试验。功能试验是在模拟的环境下全面检测航天装备各系统的功能。航天装备功能试验一般与环境模拟试验结合进行，即在模拟各种极端环境的条件下，测定和试验各系统的功能，并与正常状况下的测定结果进行分析比较，以便作出结论。

（3）协调试验。协调试验更多是针对航天装备中的航天器开展的针对性试验，是在航天器飞行试验前进行，以检查航天器与运载火箭、发射设施、测控跟踪系统之间的协调性，如航天器与火箭对接试验、系统衔接试验、程序性试验等均属此类试验。在航天器研制后期，有时完全按发射程序和内容在发射场进行航天系统的实际操作演练。在测试区也进行类似的协调试验，但试验的内容和要求有所不同。

2. 飞行试验

飞行试验是指针对航天装备中的航天器，在其正式应用前在真实空间飞行环境下进行的各种试验。目的是考核航天器的功能和实用性，判断它是否符合设计的要求和确定需要改进的项目，借助各种遥测手段获取信息，为航天器的鉴定和发展提供数据。一般航天器的飞行试验（试验性的发射）与应用飞行结合在一起进行，有时根据需要也单独安排。

（四）特点

除具备试验的一般性特点外，新时代航天装备试验还具有以下典型特点。

1. 复杂化

随着航天事业的快速发展，航天装备系统越来越复杂，性能指标要求越来越高。为了对新型航天装备进行准确的评价，需要进行数量更多、类型更丰富的现场试验，以解决验证不充分的问题。试验任务的深度和广度不断发生新的变化，试验的管理、成本、难度及风险也在相应增加。

2. 信息化

航天装备系统的生命周期试验管理越来越重要。除现场试验有限的信息外，分系统、部件试验及仿真试验信息成为试验鉴定中的重要组成部分，如何充分利用这些信息，成为当前试验鉴定体系中的重要内容。

3. 一体化

为适应新时代航天装备试验复杂化、信息化发展趋势，一体化的特点也越来越明显。一体化是指通过合理的安排，将研制试验鉴定、作战试验鉴定、建模与仿真活动等进行紧密结合，依照统一的试验鉴定计划，形成一套完整的试验鉴定活动，力争一次试验多方受益，显著减少资源使用，提高效益。

二、航天装备试验风险

航天装备试验风险管理的前提和基础是能够从理论上有效地认识和把握航天装备试验风险，重点了解其概念与特点。

（一）概念

航天装备试验风险（以下简称"试验风险"）是指在执行试验任务的过程中，因不确定因素（如不可抗力、管理不当、指挥不当或试验大纲存在问题等）给试验造成的负面影响，这种负面影响是潜在的损失，包括拖慢进度、增加费用、技术指标下降等，从而影响试验预定目标的实现。

（二）特点

在不同的领域，风险具有不同的特点。对于航天装备试验项目而言，其风险具有以下特点。

1. 风险存在的客观性和普遍性

由于存在不确定性，风险是不以人的意志为转移并超越人主观意识的客观存在。近年来，在航天装备试验风险防范方面，我们积累了不少成熟的经验，但是由于每次试验所处的环境不同，参与试验的人、机、料、法、环等试验要素也不尽相同，因此，在整个试验过程中，风险是无处不在、无时不有的，风险管理也只是在限定条件下改变风险存在和发生的条件，降低其发生的频率，减少损失程度，不可能完全消除风险。

2. 风险发生的偶然性和大量风险发生的必然性

航天装备作为人们探索新兴领域的工具，具有结构复杂、技术密集、集成程度高等特点，其试验涉及因素、环节多，风险因素多样。这其中个别风险因素触发风险事故是偶然的、杂乱无章的，但对大量风险因素叠加导致风险事故发生又具有一定的必然性。这就要求我们加强对航天装备试验风险管理规律的研究探索，尽量将各种风险消灭在萌芽状态，通过多种方式降低风险发生的影响。

3. 风险的可变性

风险的可变性是指在试验的整个过程中，各种风险在质和量上的变化。随着试验的进行，有些风险会得到控制，有些风险会发生并得到处理，同时，在试验的每一阶段都可能产生新的风险。尤其是在新型航天器试验中，由于风险因素众多，风险的可变性更加明显。

4. 风险的多样性和多层次性

航天装备试验具有周期长、规模大、涉及范围广、风险因素数量多且种类繁杂的特点，使其在全寿命周期内面临的风险多种多样，而大量风险因素之间的内在关系错综复杂，各风险因素之间交叉影响并与外界因素相互交织，又使风险显示出多层次性，这也是航天装备试验中风险的主要特点之一。

（三）过程

类似于常规武器试验，航天装备试验一般也可以分为以下几个阶段。

1. 试验任务接收与下达

这一阶段的主要内容包括根据计划向有关单位进行试验任务预报；相关单位分析承试能力及存在问题并上报；试验任务接收组参加总部年度计划任务协调会，就试验任务相关内容进行协商，对试验任务的要求进行确定；组织召开年度试验任务布置会；选配试验主持人和技术审查人等岗位人员，并对其资格进行审查；《试验任务书》的制定和下发；装备、弹药和物资器材的申请与解决；试验存在问题的协调等。

2. 试验准备

试验准备是指从受领试验任务到现场实施之前的准备工作。主要包括调研实习、科研试验针对性训练、编制上报基地试验大纲和总体技术方案、落实武器弹药及物资器材、试验方法研究、试验保障方案制定与确认、设施建设、仪器设备准备、下发试验任务预报、被试品进场交接、试验任务协调、试验实施计划的制订与下达等。

3. 现场实施

现场实施为试验准备工作完成到试验实施计划中规定的所有试验项目组织实施完毕的整个过程。主要内容包括仪器设备进点、现场准备、试验项目具体实施、试后事宜的处理等。

4. 数据处理

数据处理是指对试验过程中获得的原始试验数据按照数据处理方案进行分析、研究、处理、评估的过程。其主要内容包括数据收集、分析、处理、审查与评估等。试验数据是被试品性能质量的真实反映,是对被试品性能做出正确结论的基本依据。因此,必须确保试验数据的真实性、准确性。

5. 试验报告编写与审批

这一阶段的主要内容包括试验报告的编写、呈报与审批,审查会议,技术资料归档等。

三、航天装备试验风险管理

开展航天装备试验风险管理的目的,就是突出以预防为主的质量管理理念,采用风险管理技术,尽早识别风险,管理风险,积极应对风险,实施风险监控,从而达到消除风险、控制风险、转移风险和规避风险,保证航天装备试验过程的可控性。

(一)概念

航天装备试验风险管理,是指为实现降低试验工作中的风险,提高航天装备试验结果的质量和可靠性,确保航天装备试验任务圆满完成,运用系统工程思想,通过改善试验的组织和管理,对航天装备试验过程中可能存在的风险进行分析和评估,并采用适当的方法对可能出现的风险进行控制和处理的各类活动。

从项目管理角度讲,航天装备试验风险管理是指组织指挥机构对航天装备试验任务中可能遇到的风险进行规划、识别、估计、评价、应对、监控的过程,是以科学的管理方法实现最大安全保障的实践活动的总称。

（二）作用

航天装备试验具有政治性强、技术含量高、系统复杂、规模庞大、试验周期长、参试单位人员多、协作配套要求严格等特点，导致各种不确定因素在试验任务中的影响更为突出，风险倍增。如果对风险防范不足，将会造成巨大的军事、经济损失，甚至导致试验任务的失败。所以在航天装备试验中应采取有效的风险管理措施来减少风险的产生，降低风险带来的损失，以确保试验达到预期的目标，保证试验质量。

1. 有效地降低和控制成本

对装备试验任务实施完善的、多方位的风险管理，可以对装备试验任务面临的各种风险，实施有效的预防和控制，妥善处理风险所造成的不利后果，将风险损失减到最小，从根本上提高试验任务抵抗风险的能力，以最小的成本获得最大的风险管理效益，从而提高试验任务的效益。

2. 提高试验任务全寿命周期的风险控制能力

装备试验任务一般具有周期长，投资巨大，涉及层次高、影响大等特点。在装备试验的实施中，将会面临各种风险：技术风险、管理风险、政治风险、经济风险，等等。这些风险对装备试验任务的实施具有不可忽视的作用，会影响装备试验任务的质量，甚至会导致装备试验任务的失败。

3. 提升综合试验能力的有效途径

装备试验综合试验能力的标志之一是风险管理水平和能力，风险管理能力是对风险的认知、防御和管控能力，对装备试验任务实施风险管理，可以为试验任务创造出安全的试验环境，试验风险管理为处置试验风险提供了各种措施，从而大大消除了试验的后顾之忧，使其全身心地投入试验任务活动中去，提高装备试验任务的抗风险能力，提高试验部队风险管理能力的过程其实质就是提升综合试验能力的过程。

（三）内容

装备试验风险管理就是试验管理组织通过风险规划、识别、估计、评价、应对和监控的管理过程。以此为基础合理地使用多种管理方法、技术和手段对项目活动所涉及的风险实行有效的控制，采取主动行动，创造条件，尽量扩大风险事件的有利结果，妥善地处理风险事故造成的不利后果，以最少的成本保证安全、可靠地实现装备试验的总目标。

第二节　航天装备试验风险识别

风险识别是装备试验风险管理的第一步，主要目的是通过查阅参考历史数据，借鉴以往经验，分析总结出试验任务过程中可能发生风险的因素或者是可能发生的风险事件。在准确、全面识别风险的基础上，相关部门和人员可及时、有效地对风险进行管理，进而大幅度降低风险发生的概率，对装备的各类性能指标进行测试，确保装备顺利列装部队。

一、航天装备试验风险识别过程

航天装备试验风险识别的基本任务是将试验任务的不确定性转变为可理解的风险描述，是对航天装备试验过程中各种风险因素导致风险事故发生概率及其损失大小进行调查分析，最后通过风险识别表格等文档反映出来的过程。航天装备风险识别一般步骤包括收集资料、分析不确定性、确定风险事件、编制风险源识别报告等。

（一）收集资料

一般认为风险是数据或信息的不完备而引起的。收集和风险事件直接相关的信息可能是困难的，但是风险事件总不是孤立的，可能会存在一些与其相关的信息，或与其有间接联系的信息，或是与航天装备试验可以类比的信息。航天装备试验风险源识别应注重试验任务输入文件、试验的制约因素和假设条件、历史资料等信息的收集。

（二）分析不确定性

应在基本数据或信息收集的基础上从下列几个不同方面对航天装备试验的不确定性进行分析。

1. 不同阶段的不确定性分析

航天装备试验有明显的阶段性，应将不同阶段的不确定性分别进行分析，如试前阶段着重考虑岗位人员确定、试前准备等内容的不确定性，试验实施阶段着重考虑试验条件控制、试验数据录取等内容的不确定性，试验总结阶段则着重考虑试验数据处理、试验结论等内容的不确定性。

2. 不同目标的不确定性分析

航天装备试验有质量、进度、安全等多个目标，这些目标的因素既有相同处，也有不同处，要从实际出发，对不同目标的不确定性作出较为客观的分析。

3. 试验环境的不确定性分析

试验环境是引起各种风险的重要因素。应对试验环境进行较为详尽的不确定性分析，进而分析由其引发的风险。

（三）确定风险事件

在不确定性分析的基础上，确定试验及环境的变数，明确试验项目的假设和前提，判断和确定试验要求是否明确，分析试验方案存在多大不确定性，弄清可以动用的资源，进一步分析这些不确定因素引发航天装备试验风险的大小。然后对这些风险进行归纳、分类。

（四）编制风险源识别报告

在风险确定、分类的基础上，应编制出风险源识别报告。该报告是风险源识别的成果。通常其包括的内容有以下几个方面。

（1）已识别出的风险，这是风险源识别重要的成果之一。

（2）潜在的风险，潜在的风险是指尚没有迹象表明将会发生的风险，是人们主观判断的风险，其一般是一些独立的风险事件，如试验条件突变等。当然，其潜在的风险可能会发展成为现实的风险，即其发生有一定的可能性。所以对于可能性或者损失相对较大的潜在的风险，应该注意跟踪和评估。

（3）风险的征兆，风险的征兆是指风险发展变化可能的趋向。对风险的征兆也需密切关注，并考虑应对计划和措施。

二、航天装备试验主要风险源分析

航天装备试验风险贯穿于航天装备试验的全寿命周期中，其风险源确定是对航天装备试验中可能产生风险的因素所进行的归类和细化工作。下面以航天装备试验中的地面试验为例，对航天装备试验任务进行剖析。

（一）试验任务接收与下达阶段风险

1. 能力分析

试验任务是否能够取得成功与所承担这项任务的组织密切相关，如果承试单位对自身能力分析不足，却承担了这项任务，在以后的试验过程中便会出现各种各样意想不到的风险。因此，在试验前必须对本单位承试能力进行论证分析，发现存在问题及时补救提高，以有效规避风险。

2. 试验任务要求确定

试验任务要求确定是试验的"源头"，通常试验任务要求依据包含研制总要求、任务书和会议纪要等，研制总要求和任务书为上级批准下发，会议纪要记录了装备研制相关单位与承试单位之间的会议交流内容，包含了相关文件上没有明确但试验中应考核的其他内容、附加要求和需注意的事项等，若试验单位没有进行正式的试验任务要求确定，或试验任务要求依据不全面，将会对试验的顺利进行产生巨大影响。

3. 岗位人员确定

各级岗位人员是试验过程的执行主体，岗位人员的能力素质是试验的决定因素之一，参与试验的岗位人员均应经过严格的确认程序，以确保其能力、素质、经验等方面满足试验需求，若岗位人员未经严格程序确定，在试验过程中，特别是遇到突发事件、异常处置以及关键节点执行时将存在风险，一些特殊岗位甚至可能存在进度拖延、伤亡事故和试验失败的风险。

4. 物资器材预算确认

承试单位根据试验要求和国军标规定，结合自身靶场条件对试验中涉及的武器、弹药、物资器材的型号、状态和数量提出需求，并经相关单位确认，试验是一项复杂工程，物资器材预算、试验存在问题等上报前必须经所有涉及单位确认，任何遗漏都可能产生风险。

（二）试验准备阶段风险

试验准备阶段主要风险事件及影响表现为以下 6 个方面。

1. 试验组织机构设置

机构设置未考虑新型装备试验需求，设置不合理，职权划分不清、机制不健全造成的管理混乱；信息沟通不顺畅导致的决策风险；对试验监管不力造成时间延误、费用增加等影响试验顺利实施。

2. 试验资源配置

人员未按试验专业需要配置造成对被试装备结构、性能以及使用要求的认识与理解不一致；关键岗位、重要岗位未识别或未按双岗设置导致人员变动，影响试验进程和质量；试验费用估算不科学或错误以及预算不周造成武器弹药数量不足、物资器材补充困难；试验费用使用与监督不力造成费用超出计划等。

3. 试验大纲制定

缺乏对被试装备进行系统的跟踪了解，对被试装备结构、战术技术要求以及研制情况理解不深，导致制定的试验大纲未能对被试装备进行全面考核或考核不充分；试验大纲未征求论证部门、使用部门以及研制部门意见；试验大纲未经评审或评审不严格或评审不符合规定程序导致试验质量不满足要求。

4. 试验方案制定

对战术技术性能及使用要求理解不透彻导致的试验方案不完整或有缺陷，试验条件与使用要求差异大不能反映装备实际使用情况，关键技术和关键件考核不严格，方案未经优化或未按规定程序评审等，导致试验质量难以满足规定要求。

5. 试验方法研究

试验方法未进行先期研究或研究不充分，试验鉴定技术与被试装备不协调，试验方法落后于被试装备等，导致难以做出鉴定结论或结论不准确，未能实现试验目标。

6. 试验保障条件建设

试验条件建设滞后或保障资源准备不充分，测试设备研制进度与试验进程不协调，各类仪器设备维护保养不善导致的故障，试验条件准备监督不力等，导致试验延迟或中断。

（三）试验组织实施阶段风险

试验组织实施阶段是指被试装备正式交接到现场试验全部结束的过程。试验组织实施阶段主要风险事件及影响表现为以下 5 个方面。

1. 制订试验实施计划

（1）问题。试验过程未能有效识别，输入与输出关系不明确，重要或关键过程缺少控制措施，试验项目编排无逻辑关系或缺少评价依据，计划关键路径选择错误，未考虑状态变换以及不切实际的计划安排，计划未经优化和评审，没有对计划可能的变动制定相应预案等。

（2）结果。导致试验计划项目未能囊括所有性能指标，试验存在漏项或重复，不能充分考核或暴露设计缺陷，试验不能达到预期目标。

2. 被试装备交接

（1）问题。未履行规定交接程序和手续，交接记录不全、不细或未及时归档，状态更改后未进行复位（归零）验证等。

（2）结果。导致技术状态不确定，技术文件或备注附件不齐全，零部件出现问题无法追溯，影响试验质量和进程。

3. 静态测量检查

（1）问题。被试装备测量检查时机不正确，测量检查过程未按规定程序操作，未采取测量操作与记录相分离措施，测量数据未履行逐级审批手续或审查不严。

（2）结果。导致测量数据失效或不准确，出现装备损坏或人员伤亡事故，影响试验进程和评价结论。

4. 现场试验实施

（1）问题。试验流程未经演练或演练不充分，参数漏测、误测或未及时对测试数据做出有效性评估，重要参数测试未采用备份设备，人员或仪器设备准备不力，不能在计划时间内就位，未按程序操作或误操作造成的装备（设备）故障或损坏，故障事件报告不及时造成时机延误或决策失误，未制定试验异常情况或故障处理预案，现场试验问题未记录或记录不全等。

（2）结果。导致数据录取率或精度不能满足评价要求，试验延迟、中断或无法做出准确的结论，影响试验目标完成。

5. 现场试验保障

（1）问题。现场试验过程中因技术保障、物资保障、人力保障、勤务保障、气象保障、通信保障、安全保障等计划不周密、工作不到位。

（2）结果。造成现场试验临时中断或导致试验不能达到预期的目标。

（四）试验数据分析处理阶段风险

试验数据分析处理阶段主要风险事件及影响表现为以下两个方面。

1. 测试数据收集与汇总

未及时收集测试数据或数据损坏、丢失等，导致试验重复，造成试验时间、费用浪费。

2. 试验数据分析处理

数据处理方法存在缺陷，设备未经计量校准造成数据精度不够，数据处理过程中未按对读、复读、对算、复算要求产生的人为错误，试验有效数据录取率不足或非正常数据剔除后出现的数据容量不足，导致试验重复或试验结论错误。

（五）试验总结报告编写阶段风险

该阶段主要风险事件及影响表现为以下三个方面。

1. 试验结果分析与评价

试验数据不足或分析不透彻，装备故障或存在问题定位不准，试验过程或试验信息掌握不全，试验总结报告未囊括所有试验内容导致试验评价不准确或错误，试验目标未全面完成，试验质量低。

2. 试验结论与建议

试验结论不准确或结论可信度差，建议不正确或针对性不强，试验故障处理结果未予以跟踪或反馈，未履行审查程序、职责或因工作不细造成的语言文字错误未能予以纠正等，导致试验质量差，试验任务不满足规定要求。

3. 试验文书归档

原始试验记录不详实、不完整，试验过程信息记录有遗漏，故障现象及解决措施无记录，试验往来文书或技术资料缺失等，导致试验文书不全，试验问题无法追溯。

三、航天装备试验风险识别清单

风险源是促使或引起风险事件发生的条件，以及风险发生时，致使损失增加、扩大的条件。风险源是风险事件发生的潜在因素，是造成损失的间接和内在原因。在以地面试验为例对航天装备试验风险源进行分析的基础上，我们可以给出航天装备地面试验的风险源清单，具体如表 7 - 1 所示。

表 7 - 1　航天装备地面试验的风险源清单

生命周期	风险源
全过程	（1）尚未结束某个阶段就进入下一个阶段； （2）试验中存在不符合保密相关规定的过程和内容； （3）特殊情况提前交付前，未经基地授权批准； （4）没有记录下重要信息； （5）试验负责人临时更换； （6）参试人员承担多项试验任务； （7）某方代表和主管领导缺席评审会议
试验任务接受与下达	（1）岗位能力为未完成培训计划、实施、考核、有效性评价这一闭环； （2）试验主要人员过去没有承担过类似任务； （3）试验要求确定过程未经顾客确认； （4）岗位人员更换未经评价和审批； （5）特殊岗位人员未经资格考核并获得证书； （6）任务书内容填写不全； （7）靶场未对上报的参试人员进行审核； （8）武器弹药预算、物资器材预算等上报前未经相关单位确认； （9）物资器材发现问题代用、调整时未征求相关单位意见

续表

生命周期	风险源
试前准备	（1）装备或设备静检后经过长期使用或长距离移动后再参与试验； （2）未进行试验系统联调； （3）调研实习时机不合理； （4）调研人员不是相关岗位主要负责人； （5）没有进行针对性训练； （6）装备图纸等技术文件到场时间较晚； （7）并非所有参试单位都参与了设计开发过程； （8）文件产生后未组织人员讨论听取论证单位、提任务单位和研制单位意见； （9）更改被试装备的技术状态和试验状态时，未经靶场和研制单位同时批准； （10）实施计划未经相关参试单位确认； （11）现场试验前未对各单位的试验状态及准备情况进行确认； （12）试前未按计划要求的所有项目对装备进行静检
现场试验	（1）常规兵器试验时未对使用环境和条件进行详细记录； （2）参试单位未按时间到位； （3）各参试人员未及时开通所配备的调度通信设备； （4）射击过程中未逐发核对送弹卡片； （5）射前未对装备进行复检； （6）试验中手持台故障、通信受阻； （7）设备突发故障，无法录取有效数据； （8）装订数据未经相关人员复查； （9）射击或发射前，未核查准备情况，射击或发射时，阵地人员未按要求进入掩体； （10）试验现场出现无关人员及车辆； （11）试验过程中装备出现故障或损坏； （12）装备设备无法使用，进行更换时未进行一致性分析； （13）试后相关弹药未及时销毁； （14）阶段试验情况未及时上报
数据处理	（1）试验数据收集不完整； （2）试验实施过程中未进行必要的数据处理分析； （3）数据处理未进行复算； （4）数据处理结果未得到总体、测试、准备、研制单位相关人员确认
总结报告编写	（1）报告编写人员在工作尚未完的情况下被分配到另一项试验任务中； （2）技术资料未按要求归档； （3）情报资料负责人未对归档资料进行审查

第三节　航天装备试验风险评估

风险评估是风险管理的基础和前提，航天装备试验过程中潜在风险数量很多，但这些风险因素对试验的影响各不相同，因此需要对风险进行评估，以判断各种风险因素对航天装备试验的影响程度。

一、航天装备试验风险评估的特点

航天装备试验风险评估是对试验项目或系统进行风险估计和评价，更清晰地认识风险、把握风险，更好地预防、控制和利用风险的过程。作为特殊领域，航天装备试验风险评估具有以下特点。

（一）客观性

一般而言，航天装备试验风险评估都由相关领域的专家参与，不受被评估单位行政制约，评估者可依据评估需要，采取多种方法掌握评估信息，真实、客观地描述评估装备试验状况，全面、准确地反映装备试验情况。

（二）规范性

评估由专门的组织负责，按规定的程序实施，哪个项目应检查哪些内容，哪些内容应该怎样检查都有明确的规定，不受被评估对象的人为因素影响。

（三）系统性

装备试验本身是个系统工程，装备试验风险评估不是单纯地从某一个方面查找问题，而是从各个方面系统地对评估对象当前或潜在的危险因素进行查找、分析和研判，综合各方面意见，制定系统的解决方案，提出有针对性的规避或消除风险的措施，全面、系统、可操作性强。

（四）专业性

航天装备试验风险评估是对航天装备试验发生事故或问题的可能性及危险程度进行定性或定量分析，制定防范措施，寻求最低事故率、最小损失率和最优安全效益的过程，是从源头上主动抓好隐患排查、事故防范，有效提高试验时效性的重要措施和保证。摒弃了"拍脑袋"决策、行政干预等做法，充分体现了专业要求、遵循规律、注重效益的要求。

(五) 可靠性

实施航天装备试验风险评估，可真正做到情况预先掌握，问题预先研判，措施预先制定，隐患预先排除，从而减少风险防范中的盲目性，增强工作实效，提高防范质量。

航天装备试验风险评价是根据系统发生风险的可能性及其危害程度而确定风险等级。装备试验评价标准是指根据风险对完成装备试验任务的影响程度，确定风险等级。

二、航天装备试验风险评估的一般程序

航天装备试验风险评估一般程序包括三个阶段，即装备试验风险评估准备阶段、装备试验风险评估实施阶段和装备试验风险评估结果处理阶段。

(一) 装备试验风险评估准备阶段

1. 装备试验风险评估前期准备

装备试验风险评估前期准备，是评估准备阶段的首要环节。它是评估工作方向性的可靠保证。主要包括明确评估对象、明确评估目的和明确假设条件三个步骤。明确评估对象和目的为评估工作找准了方向，而明确假设条件是对评估问题的进一步界定。

2. 装备试验风险评估组织准备

装备试验风险评估组织准备，主要包括成立相应的评估组织并明确各组织的职责。装备试验风险评估组织，是装备试验风险的评估主体。它包括评估鉴定委员会和评估专家组。评估鉴定委员会是对评估工作进行评审和指导的组织；评估专家组是具体开展评估工作的组织。在一般情况下，评估组织是由评估对象的上级单位根据评估问题的复杂程度和相关要求而指定成立的（对评估对象进行的自评，则由评估对象本级单位主管部门指定）。

3. 装备试验风险评估方案准备

装备试验风险评估方案准备是评估准备阶段的核心工作。成立评估组织后，评估专家组根据评估对象、评估目的以及各种假设条件制定出切实可行的评估方案，这是评估组织的首要职责。评估方案准备主要包括以下几方面内容：①建立评估指标体系；②选取评估方法；③建立评估模型；④评估模型的校验。

4. 装备试验风险评估方案的评审与确认

为保证评估方法的科学性、评估结论的准确性和评估结果的实用性，评估方案必须经过评估鉴定委员会评审与确认。一般来说，当评估专家组制定评估方案后，应向评估鉴定委员会申请评估方案评审。评估方案评审后，评估专家组应根据评审结论和建议对评估方案进行改进和完善，直至形成科学可行的评估方案并经评估鉴定委员会确认后，方可实施评估。

（二）装备试验风险评估实施阶段

1. 装备试验风险评估数据的搜集

数据是评估的基础之一，数据类型的划分，由于使用目的不同而存在不同的分类标准。考虑到所搜集的数据是为建立作战能力评估模型服务的，将装备试验风险评估数据分为以下三种类型：①基础数据，是指数据中最基本层次的数据；②试验方案数据，是对所研究的试验情况或过程定量化描述的数据；③建模参考数据，是为了建立模型，或对试验过程进行相应的图形显示，需要用到一些与模型运行并不发生直接关系的但又必须参考的数据。

2. 装备试验风险评估数据的处理

数据处理就是将所搜集到的数据按照评估模型的要求分门别类，并进行模型的闭环运行或根据输入的数据进行指标值计算的过程。将搜集到的装备试验风险相关数据输入评估模型，进行模型的运行计算后，就可以产生评估结果。

3. 装备试验风险评估结果的产生与检验

通过处理所搜集的数据，就会产生出装备试验风险评估的结果。当然，应用不同的评估方法和建立不同的评估模型，所产生的评估结果在数值上会有一些差异，但从本质上来说，反映试验的相对大小应该是没有什么区别的。得到评估结果后还需对其进行检验，看其能否达到评估的目的，满足评估的要求。

（三）装备试验风险评估结果处理阶段

1. 装备试验风险评估报告的撰写

评估报告是对装备试验风险评估工作的科学总结。评估报告一般由评估专家组在对评估对象进行综合评估并得出评估结果后撰写完成。评估报告一般应包括以下几方面内容：①评估背景，主要包括评估对象、评估目的、假设条件等；②评估方案及其说明，主要包括选取的评估指标体系、采用的评估方法以及建立的评估模型等，此外，还要说明制定评估方案的过程和相应理由；③评估结果及其分析，表述评估产生的结果，阐明评估结果的检验情况等；④存在的问题以及改进建议，阐述评估工作中仍然存在的一些问题，并对今后的进一步研究提出建议；⑤附录，主要包括评估工作中所建立的各分项目评估报告、附件、附表，评估模型的有关资料，参考文献及资料索引，评估报告中不易理解部分的相关说明等。

2. 装备试验风险评估报告的评审与确认

评估报告的评审与评估方案的评审大体一致。需要注意的是，评估报告经评审后，若未能通过。原因之一可能是评估专家组在制定评估报告时对某些重要因素未考虑或考虑不周，对此，评估专家组应重新调整评估报告，再次进行报告评审及后续工作；原因之二可能是评估专家组在具体实施评估工作中出现了一些问题，对此评估专家组应仔细研究评估鉴定委员会提出的意见和建议，并采取适当的纠正措施，进行补充评估或重新评估后，再次进行评审。

3. 装备试验风险评估结果的反馈与应用

装备试验风险评估有很强的目的性，评估结果也对部队建设、试验能力提升和科学决策等具有重要的指导作用，因而在评估结果得到确认后，应及时反馈给有关单位或部门，使评估结果得以尽快应用。

第四节　航天装备试验风险控制

试验风险控制是指对经过识别、度量和评价的风险问题采取相应的控制措施，以改变风险后果的性质、风险发生的概率和风险后果的大小。试验风险控制方法又可分为反馈式控制和前反馈式控制。反馈式控制是指对产品进场后各项工作的规律性观察和现场监督，发现问题，及时采取补救措施。如各专业的方案评审、汇报、分系统检查、总检查、阶段性工作总结汇报等。前反馈式控制是指根据对风险的预先分析，制订风险降低计划，并跟踪任务执行情况对容易出问题的地方提前制定对策，尤其是对任务关键环节和关键部位实施重点管理。

一、航天装备试验风险控制的基本策略

在全面识别和分析系统所面临的风险的基础上，要进行科学合理的风险控制。它包括对风险评估过程中建议的安全控制进行优先级排序、评估和实现。实际上，消除所有风险往往是不切实际的，甚至是近乎不可能的。因此，只要通过合适的控制，将风险降低到一个可接受的级别，使得对试验负面影响最小

化即可。风险控制的过程实际上就是一个接受、减小、杜绝、转移的过程。根据风险控制的目标,制定风险控制策略的基本思路有以下几点内容。

第一,设法降低风险事故发生的概率。

第二,设法降低风险事故发生后造成的损失。

第三,回避风险策略,特别是在不能有效地降低风险发生概率也无法降低风险损失的情况下。

具体而言,航天装备试验的风险控制可以通过风险规避、风险限制、制订风险预防计划以及风险控制效果评价等措施来实现。

(一) 风险规避

风险规避是指通过消除风险的原因和后果来规避风险。对于任何风险的对策,首先应该考虑的是规避风险,尤其是对航天装备试验实施单位而言,规避风险,就是避免损失,减少伤亡。对一些风险潜在威胁发生可能性太大,不利后果也太严重,又无其他策略可用时,主动放弃项目或改变项目目标与行动方案,从而规避风险,也是一种有效的策略。例如,对一些新技术、新方法在航天装备试验中的应用,如果考虑到在试验任务中直接使用风险较大,可以在摸底试验中模拟使用,或者通过暂缓使用来规避风险。

(二) 风险限制

通过实现安全控制来限制风险,这些安全控制可将由于试验中各个系统的弱点被威胁破坏而带来的不利影响最小化。在风险不能避免或在因从事某项活动而必须面临某些风险时,首先应当想到的是如何控制风险发生时间,尽可能推迟风险发生时间,减少风险的发生,或如何减少风险发生后所造成的损失,即风险限制。例如,试验实施单位通过加强正规化建设、强化质量管控等方式进行风险限制。对一些无法规避和限制的风险,可以通过使用其他措施补偿损失,从而对风险进行限制。例如,某测试设备技术参数为被试品的战术技术指标要求,可以通过向有资质的单位外包此项测试等方式将风险转移。由于风险转移必然带来利益的流失,试验实施单位必须识别风险的大小、权衡得失后,选择恰当的方式进行转移。

(三) 制订风险预防计划

风险预防是指事先采取措施,防止、减少风险因素的出现或将风险因素与人、财、物在时空上进行隔离,从源头上消灭或降低风险,有效预防和减轻风险对试验任务的不利影响。风险预防对试验实施单位的核心能力提出了更高要求。一般而言，为了有效预防试验风险，应该制订一套与之相对应的应对计划。该计划要对试验中的安全控制进行优先排序、实现和维护，一旦风险发生，可以立即采取有效的措施来应对，使风险带来的损失降到最低。

（四）风险控制效果评价

在完成风险识别、风险评估、风险控制三个阶段的基础上，还应该对风险控制决策的执行效果进行检查和评价，并不断修正和调整计划。风险控制决策是否符合实际，需要通过实践才能做出评价和发现，并加以纠正，尤其是随着环境的变化，新的风险因素也会产生，而原有的风险可能会消失。因此必须定期评价风险控制效果。效果评价的目的是通过总结风险控制的经验教训，力求探索风险发生与控制的规律，以完善风险控制工作的科学性。

二、航天装备试验风险控制的对策措施

航天装备试验本身是一项高风险活动，采取有针对性的措施防范风险、化解风险是试验活动安全顺利进行的重要保证。

（一）树立风险意识

保证试验风险能够得到有效控制，首先必须提高对风险的认识，只有风险意识提高了，才能采取有效行动来控制风险，为开展风险管理工作打好基础。树立风险意识应该注意以下两个方面。

一是重视风险。全体参试人员都要强化风险意识并贯穿于具体工作中，居安思危，保持高度的风险意识，善于识别和发现试验潜在的风险，防止思想麻痹和大意给试验造成损失。二是勇于面对风险。风险并不可怕，只要发挥风险管理机制的作用和功能，风险是可以预见、防范、控制和化解的，只有具有良好风险哲学思维的人才能在危机中把握机会。因此，要树立风险的哲学思维意识，形成风险管理氛围，开展试验风险管理就具备了条件。

（二）建立风险管理体系

实施有效的风险管理，建立风险管理体系是必不可少的。从目前的情况看，武装装备试验基地首先需要成立风险管理组织，并使其尽快运行起来。其次是制定风险管理方针、政策和工作程序，规范其工作内容及与其他管理机构之间的关系，保证机构运行协调。最后是提供资源保障，保证试验风险管理所需人、财、物以及信息能够及时、准确地传递。风险管理体系建立和运行一段时间后，还要根据运行情况进行调整和改进，保证风险管理取得成效。

（三）完善风险管理运行机制

建立风险管理运行机制是规范风险管理行为，确保风险管理有序运行，提高试验风险管理水平的有效手段。建立风险管理运行机制需要做好以下三方面工作。

（1）建立和完善风险管理规章制度。航天装备试验是一种国家意志和行为，作为决策依据，其风险可能影响整个装备全寿命周期管理过程，因此需要有健全的法律法规作保障，并依此来规范定型试验风险管理工作，确保定型试验风险管理工作有章可循，有法可依。

（2）制定风险管理程序和标准。试验基地应根据所承担试验任务的种类和特点，制定风险管理程序、标准，使试验人员明确风险管理的内容、方法以及程序和要求。程序和标准的制定应具体、明确，尽可能采用量化指标，使之具有可操作性，便于对照、分析、检查、考核，不宜过于原则，难以把握。

（3）制定风险管理责任制。必须明确各部门、各层次、各岗位风险管理的责任归属，以加强其责任感，调动其积极性，鼓励其创新精神。

（四）建立风险管理信息系统

只有及时掌握真实、准确的试验动态信息，才能发现风险信息并采取针对性处置策略，取得应对风险的主动权。在信息技术手段落后的条件下，风险识别的客观性与真实性以及风险管理的技术性与科学性通常并不能完全显现，但随着信息技术的迅速发展，风险管理与信息技术相结合，上述问题可以有效解决。试验风险管理可借助信息技术来优化风险管理信息流程，风险管理信息系统可依托试验基地指挥系统或其他信息系统网进行构建。

（五）制定试验基线、设置过程控制点

制定试验基线是利用基线对试验风险实行控制的有效方法。在试验早期就着手制定各阶段试验活动的基线，便于掌握试验进展状态，及时查找突破基线的原因并制定相应的处理措施，以有效地减轻试验风险或将风险控制在可承受的范围内。制定试验基线或设置过程控制点应根据被试装备特点以及试验重要过程控制点和重点控制区域，如关键试验项目、主要测试内容、重要数据处理等，对实施过程和工作质量实施重点检查。

(六) 把握不同试验阶段重点

航天装备试验风险控制的关键环节包括任务准备和任务实施两个阶段，要针对不同阶段，采取有针对性措施。

在任务准备阶段，首要任务是做好风险预防。在识别出试验任务的风险项目之后，要严格依据试验场质量控制体系进行风险预防，降低风险发生概率。例如，针对装备配件首次使用等带来的产品质量风险，研制单位需采取理论计算、仿真验证、地面试验验证等风险预防措施，试验场通过出厂质量评审及进场后的质量复查进行审查确认。针对新的试验设施与产品匹配性或功能故障风险，通过试验场合练，任务前的联合检查，设施设备可操作性、可维护性分析，防误操作设计和安全报警装置的设置等做好设施设备的风险预防。针对新参试人员，通过战前上岗考核、针对性训练等做好新参试人员的风险预防。

在任务实施阶段，重点工作是采取风险规避和风险转移等方法来实施风险控制。对于航天装备试验任务，在识别出任务风险项目之后，需根据风险项目和任务实施阶段采取针对性的风险控制措施。例如，弹药爆炸等试验安全风险，在现场发生可能性更大，因此在现场除严格技术安全管理规定外，还需要采取应急预案演练、相应工作过程严格人员控制以及人员撤离等风险控制措施。针对卸车转载、技术区工作中吊装、运输等环节，需采取吊装设备的安全检查，基于操作危险点的状态检查确认、根据产品特性的防爆箱单独运输等相应风险规避措施。针对试验任务实施过程中可能出现的软件故障、元器件失效等产品质量问题带来的试验质量或试验进度风险，需采取专题会议审查、细化试验流程、计划调整等风险规避和风险转移措施。针对极端天气带来的环境风险，需采取应急预案，加严加细产品存放环境的检查，严格控制产品测试时机和技术状态等风险预防与风险规避措施。

(七) 建立试验风险预警流程

试验风险预警是通过对试验各种资料和信息的收集和分析，对影响试验的各种风险因素进行预测、估计、推断及监控，进而对可能导致试验损失或失败的各种风险因素进行预先控制，并制定相应的对策措施，保证试验在可控范围内进行。

本 章 小 结

本章概括了航天装备试验风险管理的概念、内涵、分类、特点，指明了航天装备试验风险管理的目标和内容，重点分析了航天装备试验风险识别、评估的过程、内容与方法，论述了航天装备试验风险应对的措施与策略，有助于提升航天装备试验领域风险管理能力。

思 考 题

1. 简述航天装备试验风险识别与评估的基本思路。
2. 列举主要航天装备试验风险源及其应对策略。

第八章

航天装备生产风险管理

学习目标

通过学习本章，学生应能在充分认识航天装备生产风险识别重要性的基础上，把握航天装备生产风险源类型、生产风险特点，重点把握航天装备生产风险识别时机方法，能够对航天装备生产风险进行定性评估，掌握航天装备生产风险应对策略。

主要内容

(1) 航天装备生产风险识别；

(2) 航天装备生产风险分析；

(3) 航天装备生产风险应对与控制。

航天装备生产是指制造航天装备及相关活动。航天装备生产是航天装备建设的重要组成部分，也是航天装备全寿命周期活动的重要环节。航天装备生产通常从生产定型后开始，到交付部队时结束，包括试生产、批量生产和改装生产三种类型。与其他阶段一样，航天装备生产阶段也存在各种不确定性，有可能导致主体损失，同样要求研究加强风险管理。

第八章 航天装备生产风险管理

第一节 航天装备生产风险识别

航天装备生产风险管理情况直接体现出装备承制单位的合同履约能力，间接反映出装备项目管理机构和装备采购合同监管机构的监督工作成效，并最终决定装备主管机关规划计划的执行绩效。为此，装备主管机关、装备项目管理机构、装备承制单位和装备采购合同监管机构等相关方都应该高度关注风险识别这项基础工作。

一、开展航天装备生产风险识别的重要性

开展风险识别是风险管理的首要环节，对于航天装备生产环节各相关方而言，风险识别也是各方在参与装备订购相关工作启动阶段必须开展的活动，其重要性体现在以下四个方面。

（一）是计划制订的重要参考

航天装备生产风险的大小决定了相应订购计划执行风险的大小，航天装备主管机关在制订订购计划时识别掌握相关生产风险，有助于其合理确定采购策略，从宏观层面制订风险管理计划，确保航天装备建设目标如期实现。

（二）是合同签订的必要依据

航天装备项目管理机构在与航天装备承制单位签订装备订购合同前，通常要求航天装备承制单位自行组织对合同文本草案的评审并形成合同评审报告，这一过程称为合同评审。生产风险识别是合同评审的重要内容，有助于甲乙双方在合同签订前充分掌握合同执行风险，视情况调整合同标的，增强合同的可执行性。

（三）是履约计划的关键内容

合同签订后，航天装备承制单位应在规定期限内制订合同履约计划，其中应对生产风险进行全面系统的识别和梳理，采取风险应对措施，以保证合同履约计划的可执行性。对一些重要航天装备建设项目，航天装备项目管理机构通

常会对合同履约计划进行审查，审查通过后按合同规定的比例向航天装备承制单位拨付开工款，规范航天装备承制单位严格落实合同履约主体责任，扎实开展生产风险识别。

（四）是监管实施的有效抓手

航天装备采购合同监管机构在合同监管工作启动阶段应编制合同监管实施方案，该方案应基于航天装备承制单位识别的生产风险进行补充识别并针对性制订风险监督计划，以监督航天装备承制单位严格落实风险应对措施。

二、航天装备生产风险来源

航天装备生产风险来源存在多种分类方法，以下介绍几种常规的风险来源分类，并分别列举代表性的风险来源。

（一）以航天装备订购活动的相关方分类

以航天装备订购活动的相关方分类见表 8-1。

表 8-1　以航天装备订购活动的相关方分类

分类	风险来源
航天装备主管机关	调整订购计划； 实施应急采购； 实施研产交叉策略； 未及时组织航天装备审价
航天装备项目管理机构	中标份额分配比例不合理； 合同交付进度要求不合理； 合同质量要求不明确； 航天装备技术状态未确认； 对于航天装备采购合同监管机构发送的风险告知单未及时处置； 未有效履行甲方义务
航天装备承制单位	恶意围标、串标； 生产风险识别不到位； 未严格开展合同评审； 未制订切实可行的合同履约计划； 质量管理体系未有效运行； 与军方信息沟通不到位

续表

分类	风险来源
航天装备采购合同监管机构	未制定切实可行的合同监管实施方案； 产品检验验收细则可操作性不强、内容不完整； 人员业务素质和技能无法满足岗位要求； 未严格按照规定程序和职责权限处理质量问题； 未按要求参加并监督航天装备承制单位开展各种例行试验、过程试验、大型试验、环境应力筛选等

（二）以航天装备承制单位内部与外部因素分类

以航天装备承制单位内部与外部因素分类见表 8-2。

表 8-2 以航天装备承制单位内部与外部因素分类

分类		风险来源
内部因素	管理水平	最高管理者质量意识差； 质量目标不清晰； 质量管理体系未有效运行； 质量部门不能独立行使职权； 缺乏风险管理的组织机构； 对可能遇到的困难估计不足； 对分承包商管控不力
	技术能力	生产工艺可执行性不强； 特殊过程未确认； 标识和可追溯性不满足要求； 关键过程控制不严格； 监视和测量装置未进行周期性检定； 技术状态管理不严格
外部因素	军方	调整订购计划； 合同交付进度要求不合理； 航天装备技术状态未确认
	分承包商	技术能力不足； 质量管理体系未有效运行； 无法获取进口元器件； 物资供应周期不满足要求
	社会经济环境	行业周期性变化； 经济形势不好； 发生突发性社会事件
	自然环境	发生自然灾害

（三）以与生产环节直接相关的活动分类

以与生产环节直接相关的活动分类见表 8-3。

表 8-3　以与生产环节直接相关的活动分类

分类	风险来源
生产计划	生产准备不到位； 生产周期安排过紧
工艺准备	工艺方案不完善； 工艺路线不合理； 工艺规程脱离现场实际； 专用工艺航天装备和设备不完善； 缺乏工艺技术验证； 工艺评审不严格； 对工艺评审存在问题未整改到位
外协外购过程控制	元器件质量控制缺乏规范化要求； 进货检验手段或效率不足； 元器件筛选不充分； 储存、运输过程管理不规范； 外协外购件进度滞后
生产过程控制	工艺更改失控； 多余物控制不严； 不合格品控制不严
工装、量具和计量检测设备	工艺航天装备与设备使用前未经校准； 工艺航天装备与设备保管不当； 工艺航天装备与设备缺乏技术规范
人员培训	缺乏对工艺人员培训； 人员质量意识不高
技术状态管理	未进行技术状态更改标识； 未严格执行技术状态更改程序； 技术状态更改验证不充分； 技术状态更改周期长

三、航天装备生产风险特点

风险事件、风险后果和风险概率是风险的三个基本要素，航天装备生产风险特点体现在这三个基本要素的特殊性上。

（一）风险事件具有较高的识别复杂度

现代航天装备具有技术含量高、结构组成复杂等特点，加之外部环境复杂多变，使得生产风险事件具有较高的识别复杂度，从以上关于生产风险来源的介绍中也可看出这一特点。

随着现代科学技术的加速发展，航天装备不断吸收新技术、新材料、新工艺、新设备，装备性能得到不断提高的同时，生产环节的技术复杂程度也不断提高。大型复杂航天装备的生产涉及总承包商、分承包商和原材料等供应商的多层级配套，有的甚至涉及航空、机械、电子、化工、纺织等十几个工程专业领域，需对供应链实施集质量、进度、费用等多指标于一体的集成式管理，使得生产风险事件错综复杂。

此外，航天装备生产还会受到许多来自军事、经济、技术、外交、自然等外部不确定性事件的影响。例如，突发性的军事冲突，可能会导致航天装备订购计划调整，部分常规弹药订购合同暂停执行，其生产资源被转入精确制导弹药等主战装备的动员生产；国际金融危机、财政和货币政策调整、通货膨胀和紧缩等有可能造成配套产品和原材料价格上涨，进而降低供应链的稳定性；由于国际关系的变化，原本可以通过国际贸易获得的技术或原材料、元器件、配套设备，可能会遭受断供封锁；洪涝、地震、疫情等自然灾害风险始终存在，一旦发生都会导致航天装备生产无法按计划进行。这些复杂多变的外部环境因素都加大了生产风险事件识别的复杂度。

（二）风险后果具有高度的不可接受性

生产环节的风险后果通常有航天装备质量不合格、航天装备未按期交付等，对于航天装备订购合同的甲乙双方都是高度不可接受的。

从甲方的角度看，签订航天装备订购合同的目的是获得性能先进的航天装备，保障军队作战、训练和其他军事任务的完成，如果航天装备质量不合格或无法按期交付，上述任务就无法正常完成，进一步将影响军事战略目标的实现。因此，航天装备生产环节的风险管理事关航天装备出厂质量，事关战士生命安全，事关部队战斗力生成，事关航天装备建设效益，事关战争胜负，事关国家和民族利益，其风险后果是高度不可接受的。正如人们常说的，"失了一颗马蹄钉，丢了一个马蹄铁；丢了一个马蹄铁，折了一匹战马；折了一匹战马，损了一位国王；损了一位国王，输了一场战争；输了一场战争，亡了一个帝国"。

从乙方的角度看，签订航天装备订购合同的目的是通过生产符合甲方要求的航天装备来创造价值并获取利益，乙方这一目的能够达成最根本的要求就是严格履行合同规定。航天装备质量不合格、进度拖期等问题均属合同违约行为，将导致乙方面临不同程度的违约处罚，包括违约金处罚、航天装备承制单位资格处罚、航天装备竞争择优扣分、航天装备订购数量削减、航天装备转厂生产等，乙方不仅要遭受经济利益的损失，还要遭受企业信誉的损失，这些后果都是高度不可接受的。

（三）风险概率具有较低的估算必要性

在航天装备论证、研制等环节进行风险概率估算是十分有必要的，其有助于合理分配项目管理资源和风险应对资源，将有限的资源优先用于应对较可能发生的风险事件上，进而提高整个项目的成功概率。

但在航天装备生产环节，各相关方关注的重点并不是对资源的合理分配使用，而是尽最大努力保证合同履约，故对风险概率估算的要求并不严格。一方面，风险事件具有较高的识别复杂度，对错综复杂的风险进行逐一概率估算费时费力且难以保证结果的准确性；另一方面，由于风险后果具有高度的不可接受性，风险应对工作通常对风险概率是不敏感的，概率再小的风险也是不可接受的，也必须采取积极的风险应对措施。因此，在航天装备生产环节中不可把过多精力放在风险概率大小的估算上，而应在找出导致风险事件发生的本质原因和可采取的应对措施上多下功夫。

四、生产风险识别的时机与方法

生产风险识别固然以航天装备承制单位为实施主体，但由于生产风险具有前述三方面特点，为提高航天装备订购项目的成功概率，航天装备主管机关、航天装备项目管理机构和航天装备采购合同监管机构均在航天装备订购工作的不同阶段按职责分工开展风险识别。

（一）计划制订阶段风险识别

计划制订阶段以航天装备主管机关为主开展风险识别。年度航天装备订购计划，包括当年航天装备订购调整计划和第二年航天装备订购计划，实行两年滚动编制，具有一定的前瞻性，在制订过程中需考虑在研型号定型进度、单一来源航天装备质量稳定性和生产能力、竞争择优可行性、大批量采购阶梯降价可行性等多种因素，需要一定的专业信息和权威数据作为支撑。因此，航天装备主管机关在计划制订阶段开展风险识别通常采用战略分析、专家咨询、行业调研等方法。

（二）合同订立阶段风险识别

合同订立阶段以航天装备项目管理机构和航天装备承制单位为主开展风险

识别。航天装备采购合同监管机构虽然在参与合同评审时进行合同订立风险识别，但其主要任务还是合同执行阶段的风险识别。

航天装备项目管理机构主要采用历史数据法和文件审查法，包括对航天装备承制单位历史合同履行绩效评价情况、历年合同履约等级评定情况以及外部环境变化情况进行分析，对航天装备承制单位合同评审报告进行审查，确认相关风险事件。

航天装备承制单位主要采用工作分解结构法，首先列出工作分解结构的全部产品单元和过程单元，然后根据风险来源逐个考察产品单元和过程单元，查找其中可能发生的风险事件。

（三）合同执行阶段风险识别

航天装备项目管理机构通过与航天装备承制单位签订航天装备订购合同，将合同执行阶段的风险识别主体责任明确给航天装备承制单位；通过与航天装备采购合同监管机构签订监管协议，将合同执行阶段的风险监督责任分解给航天装备采购合同监管机构。因此，合同订立阶段以航天装备承制单位和航天装备采购合同监管机构为主开展风险识别。

航天装备承制单位在合同执行的全过程中，主要采用 PDCA 循环法对每项活动均按照"策划—实施—检查—处置"的步骤进行，还要及时查找可能影响合同正常履行的风险事件。

航天装备采购合同监管机构主要采用节点控制法和体系监督法。节点控制法是指航天装备采购合同监管机构根据航天装备承制单位合同履约计划中明确的节点计划，跟踪检查节点完成情况，分析订购项目在质量、进度、费用等方面可能存在的风险。体系监督法是指存在配套关系的两个航天装备承制单位的航天装备采购合同监管机构之间，以风险告知单的形式传递风险信息，通常由处于配套关系下级的监管机构向上级监管机构单向发送风险告知单，这样参与整个订购项目的全部监管机构就构成了一个监管体系，实现了对整个订购项目的风险识别和风险信息传递。

五、生产风险识别清单

风险识别是从风险源中查找风险事件的过程，质量风险、进度风险和费用风险是军方最为关注的三类风险事件。下面以某型防空导弹生产环节为例，从前面章节列举的风险源中查找质量、进度和费用风险事件，分别形成风险识别清单。

（一）质量风险识别清单

质量风险识别清单见表8-4。

表8-4　质量风险识别清单

风险来源	风险事件
专用工艺航天装备和设备不完善	低电阻测试仪不满足遥控应答机回路阻值测试精度要求
元器件筛选不充分	某型运算放大器未进行环境应力筛选
多余物控制不严	在过程检验中发现导弹检测口存在金属多余物
不合格品控制不严	某批次电动舵机不合格品违规进行降级使用
人员质量意识不高	操作人员蓄意减少某项工艺过程的工艺环节
工艺航天装备与设备使用前未经校准	未在规定检定周期内对某型激光焊接机进行检定

（二）进度风险识别清单

进度风险识别清单见表8-5。

表8-5　进度风险识别清单

风险来源	风险事件
生产周期安排过紧	正常生产周期需10个月，而合同要求6个月完成
工艺路线不合理	导弹舵机装配生产线进行了自动化改造，但工艺路线尚未进行优化，生产效率不高
外协外购件进度滞后	某型元器件停产，筹措困难 配套无线电引信质量问题未归零，无法按期供货
技术状态更改周期长	导弹技术状态变更尚未完成，技术状态未固化，导致无法启动生产
发生自然灾害	因发生台风，承制单位停产停工

（三）费用风险识别清单

费用风险识别清单见表8-6。

表8-6　费用风险识别清单

风险来源	风险事件
实施研产交叉策略	在该导弹工程研制阶段签订订购合同，合同要求"以正样机鉴定审查通过的技术状态开工，以列装定型状态交付"，合同单价为研制目标价，由于状态鉴定阶段技术状态进行了较大变化，成本费用增加，导致合同经费超支

续表

风险来源	风险事件
对分承包商管控不力	分承包商成本控制较差，价格上涨过高，存在合同经费超支风险
发生自然灾害	因发生暴雨，元器件、原材料价格上涨过高，存在合同经费超支风险

第二节 航天装备生产风险分析

一、航天装备生产环节风险等级标准

根据装备采购合同监管工作相关规定，风险通常划分为重大、严重、一般三个等级，划分标准示例如下。

（一）质量风险等级标准

重大质量风险：合同履行过程中存在一起未归零的重大质量问题或者两起以上未归零的严重质量问题。

严重质量风险：合同履行过程中存在一起未归零的严重质量问题或批次性一般质量问题。

一般质量风险：合同履行过程中存在影响合同正常履约的一般质量问题。

（二）进度风险等级标准

重大进度风险：可预见合同拖期25%（含）以上。
严重进度风险：可预见合同拖期10%（含）至25%（不含）。
一般进度风险：可预见合同拖期10%（不含）以内。

（三）费用风险等级标准

重大费用风险：合同项目开支经费超支5%（含）以上。
严重费用风险：合同项目开支经费超支1%（含）至5%（不含）。
一般费用风险：合同项目开支经费超支1%（不含）以内。

二、航天装备生产环节风险概率估算

可根据风险事件在一定时期发生的概率对风险概率进行估算，并划分为不同的概率等级（表8-7）。

表8-7 风险概率估算

概率等级	描述	一定时期发生的概率
1	一般情况下不会发生	<10%
2	极少情况下才发生	10%~30%
3	某些情况下发生	30%~70%
4	较多情况下发生	70%~90%
5	常常会发生	>90%

根据风险事件识别的质量、进度、费用风险进行风险概率估算的步骤如下。

（一）质量风险概率估算

质量风险概率估算见表8-8。

表8-8 质量风险概率估算

风险事件	概率等级
低电阻测试仪不满足遥控应答机回路阻值测试精度要求	1
某型运算放大器未进行环境应力筛选	1
在过程检验中发现导弹检测口存在金属多余物	3
某批次电动舵机不合格品违规进行降级使用	1
某项工艺过程操作人员蓄意减少工艺环节	2
某型激光焊接机未在规定检定周期内进行检定	1

（二）进度风险概率估算

进度风险概率估算见表8-9。

表8-9 进度风险概率估算

风险事件	概率等级
正常生产周期需10个月，而合同要求6个月完成	5
导弹舵机装配生产线进行了自动化改造，但工艺路线尚未进行优化，生产效率不高	3
某型元器件停产，筹措困难	5
导弹技术状态变更尚未完成，技术状态未固化，导致无法启动生产	5
因发生洪水，承制单位停产停工	1

（三）费用风险概率估算

费用风险概率估算见表 8-10。

表 8-10　费用风险概率估算

风险事件	概率等级
在该导弹工程研制阶段签订订购合同，合同要求"以正样机鉴定审查通过的技术状态开工，以列装定型状态交付"，合同单价为研制目标价，由于状态鉴定阶段技术状态进行了较大变化，成本费用增加，导致合同经费超支	5
分承包商成本控制较差，价格上涨过高，存在合同经费超支风险	3
因发生台风，元器件、原材料价格上涨过高，存在合同经费超支风险	3

三、生产环节风险影响程度估计

可根据风险事件导致合同违约的概率对风险影响程度进行估计并划分为不同的后果等级（表 8-11）。

表 8-11　风险影响程度估计

后果等级	描述	导致合同违约的概率
1	影响程度极低	<10%
2	影响程度低	10%~30%
3	影响程度中等	30%~70%
4	影响程度高	70%~90%
5	影响程度极高	>90%

根据风险事件识别的质量、进度、费用风险，进行风险影响程度估计如下。

（一）质量风险影响程度估计

质量风险影响程度估计见表 8-12。

表 8-12　质量风险影响程度估计

风险事件	后果等级
低电阻测试仪不满足遥控应答机回路阻值测试精度要求	3
某型运算放大器未进行环境应力筛选	4
在过程检验中发现导弹检测口存在金属多余物	5

续表

风险事件	后果等级
某批次电动舵机不合格品违规进行降级使用	5
某项工艺过程操作人员蓄意减少工艺环节	5
某型激光焊接机未在规定检定周期内进行检定	4

（二）进度风险影响程度估计

进度风险影响程度估计见表 8-13。

表 8-13　进度风险影响程度估计

风险事件	后果等级
正常生产周期需 10 个月，而合同要求 6 个月完成	5
导弹舵机装配生产线进行了自动化改造，但工艺路线尚未进行优化，生产效率不高	3
某型元器件停产，筹措困难	5
导弹技术状态变更尚未完成，技术状态未固化，导致无法启动生产	4
因发生洪水，承制单位停产停工	5

（三）费用风险影响程度估计

费用风险影响程度估计见表 8-14。

表 8-14　费用风险影响程度估计

风险事件	后果等级
在该导弹工程研制阶段签订订购合同，合同要求"以正样机鉴定审查通过的技术状态开工，以列装定型状态交付"，合同单价为研制目标价，由于状态鉴定阶段技术状态进行了较大变化，成本费用增加，导致合同经费超支	3
分承包商成本控制较差，价格上涨过高，存在合同经费超支风险	3
因发生洪水，元器件、原材料价格上涨过高，存在合同经费超支风险	3

四、生产风险排序

（一）生产风险排序原则

1."军工产品质量第一"原则

其是指应将质量风险置于进度风险和费用风险之上。质量风险较进度和费用风险具有更高的不可接受性，在质量与进度、费用存在冲突时，应首先保证质量。

2. "管理先于技术"原则

其是指应将航天装备承制单位管理类风险置于技术类风险之上。例如，"最高管理者质量意识差、质量目标不清晰、质量管理体系未有效运行、质量部门不能独立行使职权"等管理类风险往往会对生产环节产生系统性影响，较单纯的技术类风险具有更大的影响范围，及时解决管理类风险事件通常可取得事半功倍的效果。

3. "外部先于内部"原则

其是指应将航天装备承制单位外部风险置于内部风险之上。例如，"装备主管机关调整订购计划、甲方的交付进度要求不合理、装备技术状态未确认"等来自军方的外部风险往往无法规避，且较内部风险而言，协调解决相关问题的难度更大、周期更长，故航天装备承制单位必须优先应对此类外部风险。

（二）生产风险排序方法

1. 风险源排序法

风险源排序法是一种简化的风险排序方法，即将识别的风险事件按风险源分组，按照有关原则对风险源进行排序后，各组风险事件之间便形成了先后顺序，然后对组内的风险事件按照风险等级、风险概率、风险影响程度的大小依次排序。

2. 专家意见法

专家意见法是成立风险排序专家组，采取匿名的方式，专家组全体成员就每项风险的顺序进行投票，统计投票结果，并将投票结果反馈给专家组。专家组成员再次投票，如此反复直至结果趋于集中。

3. 矩阵打分法

矩阵打分法是一种定量的风险排序方法，首先确定待排序风险事件的概率等级和后果等级，然后按照一定的规则对二者加权求和，得到每个风险事件的得分，进而可根据得分的高低确定风险排序；对得分相同的事件可依次对比风险等级、风险概率、风险影响程度等确定先后顺序。矩阵打分法示例见表 8 – 15。

表 8-15 矩阵打分法示例

概率等级	5	6	7	8	9	10
	4	5	6	7	8	9
	3	4	5	6	7	8
	2	3	4	5	6	7
	1	2	3	4	5	6
矩阵打分 = 概率等级 * 1 + 后果等级 * 1		1	2	3	4	5
	后果等级					

根据风险事件识别的质量风险按矩阵打分法进行风险排序，见表 8-16。

表 8-16 按矩阵打分法进行风险排序

风险事件	概率等级	后果等级	矩阵打分	风险排序
低电阻测试仪不满足遥控应答机回路阻值测试精度要求	1	3	4	6
某型运算放大器未进行环境应力筛选	1	4	5	4
在过程检验中发现导弹检测口存在金属多余物	3	5	8	1
某批次电动舵机不合格品违规进行降级使用	1	5	6	3
某项工艺过程操作人员蓄意减少工艺环节	2	5	7	2
某型激光焊接机未在规定检定周期内进行检定	1	4	5	4

第三节 航天装备生产风险应对与控制

一、生产风险应对的整体思路

规避、减轻和接受风险是应对风险的三种思路，由于生产风险具有高度的不可接受性，各相关方通常采取规避和减轻风险的应对思路。

（一）航天装备主管机关应对思路

航天装备主管机关主要通过制定和完善相关制度机制从宏观上和源头上开展风险应对。例如，根据《军队装备条例》和《军队装备订购工作规定》完善相关工作规定，细化竞争性采购、合同订立、合同履行、合同监管、应急订购等环节工作要求，通过加强对程序规范性的约束，规避相关风险；贯彻落实军委装备发展部关于构建新时代装备建设质量管理体系的相关要求，试点和推广能力成熟度评价模型，促进装备承制单位持续加强能力建设，提升风险应对和控制水平；严格军工市场准入机制，从严装备承制单位资格审查和资格处罚；督促指导军工集团合理规划产业布局，针对"研产分离"（即装备研制和生产任务分别由不同的装备承制单位承担）和"独生子"（即单一来源生产，同一型装备仅一家装备承制单位生产）等情况制定风险应对措施。

（二）航天装备项目管理机构应对思路

航天装备项目管理机构主要通过加强项目管理和行使甲方权利等开展风险应对。例如，加强研制过程和试验鉴定过程项目管理，通过严格边界极限条件考核，促进航天装备研制缺陷的充分暴露和彻底解决，减轻生产环节质量风险；充分利用竞争性采购机制，在研制和生产环节引入多家供方，规避"独生子"风险；充分发挥甲方作用，做好合同履约责任与合同监管责任的分解，科学合理确定合同中的质量、进度和费用条款要求以及合同监管协议中的监管要求，确保航天装备承制单位和航天装备采购合同监管机构在合同履行过程中充分响应甲方关注。

（三）航天装备承制单位应对思路

航天装备承制单位主要通过加强质量管理体系建设、强化供方管理和加强与军方沟通等方式进行风险应对。例如，推进质量体系运行监督长效机制建设，常态化开展人、机、料、法、环等各环节风险识别和有效性评价，开展新时代航天装备质量管理体系建设和改进、升级。严格外协外购质量管理，对供应商开展现场质量监督检查，向重点供方派驻质量督导员，参加其工艺评审和重要试验，掌握其生产场所、操作人员、重要工艺等生产过程要素变化情况。严把外协外购件入厂复验，系统识别影响产品质量的重要验收项目，纳入复验工艺，重要元器件在完成二筛的基础上增加板级试装筛选。开展单一来源供方清理，新定型产品的外协件、元器件、标准件原则上实现双供方。

（四）航天装备采购合同监管机构应对思路

航天装备采购合同监管机构主要通过加强对航天装备承制单位质量管理体系监督和落实合同监管工作相关机制等进行风险应对。例如，指导航天装备承制单位探索开展新时代航天装备质量管理体系建设和能力成熟度评价；加强对航天装备承制单位质量管理体系监督；认真参与承制单位组织的合同评审并提出意见，及时向甲方反馈合同履约风险；结合实际制定科学可行的合同监管实施方案；加强对航天装备承制单位风险应对与控制计划执行情况的监督。

二、关键风险应对举措

以第一节识别的某型防空导弹生产环节风险为例，对其中涉及人员质量意识、质量管理体系运行等的关键风险列举应对措施。

（一）某批次电动舵机不合格品违规进行降级使用

经分析，不合格品违规进行降级使用反映出人员质量意识淡化，是深层次的管理问题，在对该批次电动舵机重新进行不合格品审理的同时采取以下措施。

（1）调整优化组织机构。员工培训中心并入人力资源部，技术工程部与研究院试制工艺部整合成立工艺技术部，部分分厂检验业务、职责及人员划归检验管理部。

（2）选优配强领导干部。技术、检验、质量部门领导班子调整5名同志，增配2名同志，进一步加强领导力量。

（3）强化薪酬考核引导。进一步完善企业质量激励实施细则，分层分类建立单位薪酬总额与质量考核挂钩机制。

（二）在过程检验中发现导弹检测口存在金属多余物

经分析，导弹检测口存在金属多余物的原因为工艺设计不合理、缺乏生产过程检验环节，反映出质量管理体系运行有效性下降，在进行全批返检的同时采取以下措施。

1. 加强生产过程管控

严格执行企业质量管理规定，杜绝低层次、重复性、人为差错导致的质量问题。

2. 加强工艺技术管理

做好产品试制与批量生产的无缝对接，加强工艺编制、审查和工艺纪律检查，确保各类工艺技术文件的正确性、完整性。

3. 加快生产能力建设

加快推进生产线自动化改造项目，解决导弹装配手工作业问题，减少人为因素，提升导弹装配一致性。

本 章 小 结

本章界定了航天装备生产风险管理的概念,分析了其内涵、分类、特点,论述了开展航天装备生产风险管理的意义与过程,重点介绍了航天装备生产阶段风险识别、评估的过程、内容与方法,论述了航天装备生产风险的应对措施与策略,有助于提升航天装备生产环节风险管理能力。

思 考 题

1. 比较航天装备研制风险管理与航天装备试验风险管理的异同。
2. 航天装备试验风险源有哪些?它们各有什么特点?

第九章

航天装备使用阶段风险管理

学习目标

学习本章后,学生应能在了解航天装备使用阶段风险管理概念、目的、原则等一般性理论的基础上,重点掌握航天装备接收、日常使用、维修、延寿改进与退役报废等不同使用阶段风险的识别、评估、应对与监控,具备一定的航天装备使用阶段风险管理能力。

主要内容

(1) 航天装备使用阶段风险管理概述;
(2) 航天装备接收风险管理;

（3）航天装备日常使用风险管理；
（4）航天装备维修风险管理；
（5）航天装备延寿改进与退役报废风险管理。

  航天装备在部队使用阶段的风险管理是全寿命周期风险管理的关键环节，能够形成战斗力、充分发挥装备效能、降低事故发生率，与装备承制单位、部队日常使用、维修等工作息息相关，加强航天装备使用风险管理是使用方和承制单位的共同责任。本章主要通过分析测发、测控等地面类航天装备的接收、储存、维修、延寿改进与退役报废阶段风险管理活动，给出各阶段风险识别清单与风险应对举措，希望能够为航天装备使用阶段的风险管理工作提供参考。

第一节　航天装备使用阶段风险管理概述

在执行航天发射任务的过程中，因航天装备质量等问题而导致的事故并不少见。追究问题产生的原因，一定程度上与部队在正常的运行和装备使用过程中的风险意识与风险管理的方法存在欠缺，甚至许多重大隐患和风险要素没有被及时发现并有效控制有关。因此，相关人员迫切需要对部队装备使用风险管理进行研究，提供一套方法和理论来减少事故的发生，提高执行任务的成功率。

一、相关概念

（一）航天装备使用

为完成航天任务而动用各类装备的过程可以称为航天装备使用。类似其他装备，部队在航天装备使用阶段的工作通常也包含组织装备接收、日常管理、维修、技术保障、延寿改进与退役报废等一系列活动，保持、恢复和改进装备性能参数，保障作战过程中的装备使用效能。

（二）航天装备使用风险

美国陆军对风险的定义是，危险或者不好的结果发生的可能性，从而反映出人员伤亡和装备损失发生的可能性。结合风险的定义，航天装备使用风险可定义为在航天装备使用过程中由于人为因素、装备因素、环境因素等原因导致事故发生的可能性和事故严重程度的综合度量。事故发生的可能性是指在航天装备使用过程中各种危险因素导致事故发生的概率，而事故的严重程度则是指该类事故发生会对装备、使用人员、部队任务的完成带来怎样的后果。

（三）航天装备使用风险管理

航天装备使用风险管理是指在航天装备使用过程中的决策过程，能够针对任何给定的环境进行系统性评价，识别分析潜在风险因素，并确定最佳行动路线。航天装备使用风险管理是在提高管理绩效和最大化作战能力的同时进行风险识别、风险评估和风险管控的持续过程，出发点是提高部队战斗力。航天装备使用风险管理过程为识别、评估并最终持续地控制风险提供了一个基本框架和流程。航天装备使用风险管理要融入航天装备全寿命周期风险管理中。

二、航天装备使用阶段风险管理的目的

（一）促进航天装备使用效能发挥

航天装备在使用阶段能否发挥自身效能与使用人员能否正确地操作、使用航天装备及相应的技术措施息息相关，通过开展使用阶段风险管理，降低使用阶段可能发生的风险因素影响程度，发现可能存在的技术风险因素，掌握部队装备熟悉情况，加强技术风险应对措施的制定落实，加强厂家沟通机制，最终促进航天装备使用效能发挥。

（二）促进航天装备战时效能发挥

航天装备使用阶段风险管理工作能够促进部队在使用、保障航天装备的过程中及时发现风险隐患，控制风险影响范围，进而顺利完成航天装备检查维修工作，故航天装备使用阶段风险管理一定程度上能够促进航天装备完好性保持，最终提高航天装备战时使用效能。

（三）促进航天装备保障工作针对性开展

随着航天装备的更新换代，其技术性、系统性和集成性逐渐提高，对航天装备保障工作提出了更高要求。航天装备保障特性与航天装备使用特性成为决定航天装备效能的两大因素，进行航天装备使用阶段风险管理，有利于航天装备保障设备、保障人员、保障器材和相关技术资料的完好性和可行性保持，进而提高部队装备综合保障能力。

三、航天装备使用阶段风险管理的原则

航天装备使用阶段风险管理在一定程度上可以理解为航天装备使用的决策过程，即协助航天装备使用人员在任何环境下系统地评价所有可能性，识别分析风险因素。所有级别的人员都可通过航天装备使用风险管理来识别、评价、管控危险。航天装备使用过程的风险管理原则主要概括为以下几方面。

（一）风险管理是决策人员用来规避或降低风险的过程

风险管理过程提供了一个流程范式，能够帮助决策人员与个人选择风险最

低的活动。风险管理必须成为规划和执行任务的一个完整要素。主管负责所有任务计划和准备阶段的风险管理工作。

(二) 航天装备使用风险管理是一个均衡利弊的过程

根据知识、经验和任务的要求权衡风险并做出判断，进行客观详细的分析，将增加对自己有利的机会，采取大胆的、决定性的行动和愿意识别和控制或接受相关的风险是不矛盾的。小心谨慎地确定危险、分析和控制危险和实施解决这些危险的管理计划有助于航天装备使用过程的安全。

(三) 接受部分现实化风险

任务规划的发展过程中，为了成功完成任务被迫要冒较高风险的情况会变得越来越明显。从管理人员的角度来看，在考虑整个任务成功的更大视野范围内，一个或多个已制定的安全参数的放松可能会出现有利的一面。在将人员和航天装备暴露于最低可接受风险的同时满足所有任务要求，是完成一个任务最合理的选择。使用风险管理用于确定哪个风险或什么等级的风险是不必要的。

(四) 把航天装备使用风险管理整合到航天装备使用过程的规划与执行中去

在计划阶段，风险更容易得到评估和管理。当使用风险评估作为执行航天装备使用任务的一个必要方法，而不是由外部人员进行的附加过程时，是最能发挥其效能的。尽早将风险管理整合到规划中去，是向管理人员提供应用使用风险管理原则的最好机会。

(五) 系统化风险管理

风险管理是在贯穿于所有任务阶段的时间和成本的约束下，为了优化安全工作的所有方面，管理与工程的原则、标准和工具的系统应用。为了应用系统的风险管理过程，必须将完成任务的或导致事故的人员、程序和硬件所构成的组合体视为一个系统。

第二节 航天装备接收风险管理

在完成航天装备的生产后，对于出厂、调拨、送修等环节均应安排相关人员交接，交接内容通常包含航天装备质量、技术状况、备附件、技术资料等，交接过程需要严密组织。

一、风险识别

航天装备交接是指在航天装备改变隶属关系之前，对准备改变隶属关系的航天装备的移交和接收工作。航天装备交接是航天装备调配保障的重要环节。航天装备交接的主要内容包括航天装备的品种、数量、质量及器材、工具、附件、资料。航天装备交接过程中，交付者向接收者介绍交付航天装备的技术状态以及运输、保管、维修、使用等方面应注意的问题；对航天装备的品种、数量、质量、系统配套的设备、装具等，要当面清点，登记造册，交接双方签字。交接中，要采取措施，防止航天装备失散、被盗、损坏等事故的发生；交接后，应当将交接航天装备的品种、数量、质量等情况，按隶属关系报主管部门和业务部门备案；接收单位要组织好收存保管、维护、运输护送、入库备用以及安全保密等工作。

航天装备接收风险主要包含人员风险、安全风险和航天装备风险。

1. 人员风险

其是指职责不清、手续不齐全、不掌握技术状态、不掌握航天装备性能、不掌握结构原理。

2. 安全风险

其是指保密安全、运输安全。

3. 航天装备风险

其是指备附件丢失、随装资料不全、航天装备质量问题、航天装备数量问题。

二、风险应对与监控

如何主动采取有效的措施和对策，高标准地做好航天装备接收工作，是部队当前必须研究和探讨的问题，具体措施包括以下几项。

（一）切实加强对航天装备接收工作的组织领导是做好航天装备接收工作的前提

随着部队体制编制调整和航天装备的更新换代，部队所需接收的装备类型多、数量大。因此，各级必须坚持以科学发展观为指导，不断提高装备接收工作的风险管理水平。

1. 统一思想，提高认识

各级党委要从思想上重视航天装备接收工作，把此项工作作为一项严肃的政治任务和重要工作摆上议事日程，按照航天装备接收工作的原则和要求，将航天装备接收工作纳入装备管理责任制范畴之中，分工协作、分类指导，确保交接工作目标明确、组织有序、协调有力。

2. 健全组织，明确责任

要成立航天装备接收管理领导小组，对航天装备交接工作进行集中领导、统一规划、分级负责。在工作中定人员、定装备、定标准，使每一项工作，每一台装备的管理都落实到具体人身上。同时，还要加强与本级部门、与接收部队单位业务部门的协调联系和沟通，建立多层次、多方向、多渠道的交接工作协调联动机制，积极发挥领导组织和多方协作优势，使航天装备接收工作有序开展。

3. 科学筹划，认真准备

根据各级的指示精神和具体要求，要有针对性地做好航天装备接收准备工作。科学制定交接工作方案，认真筹划交接工作计划，周密组织交接工作落实，确保航天装备交接工作实现"安全、高效、圆满"的要求。

（二）提高航天装备技术状况掌握能力是做好航天装备交接工作的基础

航天装备接收实践在一定程度上还存在"好的装备、坏的装备均可以接收"的思想。这直接导致接收过程中对于航天装备技术状况掌握用力不均衡，作用发挥不够的问题，从而影响到对所接收航天装备性能的全面把握。因此，要保证航天装备接收工作的顺利，就必须解决航天装备技术情况掌握水平的问题。

1. 增强责任意识

要充分认清全面掌握航天装备技术状况的重要作用，认真做好接收航天装备数质量的普查统计。接收过程中，对于随装车工具和备品附件要不漏一物，全面细致地进行普查并认真登记，列出详细清单，建立航天装备接收档案，以确保航天装备各类资料的完整。

2. 提高航天装备接收质量

航天装备技术状况完好性是检验和决定整个航天装备接收工作能否顺利完成的重要因素。为此，要改进工作方式，消除模糊思想，防止和克服航天装备普查走过场、整治跟不上的现象，规避所交接航天装备"只求动得了，不论状况好"的问题产生，确保交接航天装备的完好率和配套率。

(三) 严格履行交接程序是做好航天装备交接工作的保证

进行航天装备交接工作，必须健全运行机制，完善交接程序，保证航天装备交接工作有章可循、有据可查、有因可解。

1. 搞好资料整理，做好交接准备

航天装备交接工作看似是一项简单的工作，只是一交一接而已，但所涉及的内容杂多而烦琐。如何把此项工作做得深而又深、细而又细，就需要机关人员强化责任意识，做好交接准备。着眼提高航天装备交接工作质量，做到抓重点、抓关键、抓落实。无论是在航天装备普察整治过程中，还是在航天装备交接工作中，都要保证航天装备完整资料数据内容、完好备品附件工具、完全最佳技术状况，确保航天装备交接工作顺利圆满。

2. 签订交接手续，明确责任义务

为规范和约束部队交接工作的行为，在上级业务部门的监查督导下，本着"顾全大局、尽心尽职、互让互谅"的原则，签订装备交接书、交接单车技术档案和随车工具备品等，明确好各方的责任及承担的义务。通过交接程序的履行和交接手续的签订，既保证了矛盾问题解决有章可循，又促进了交接工作的有力开展。

第三节 航天装备日常使用风险管理

航天装备日常使用风险往往是航天装备使用阶段风险管理的重难点，也是航天装备事故的高发期和集中期。

一、风险识别

风险识别首先通过介绍航天装备日常使用各环节基本内容，对可能发生的风险进行分析预测，然后进行风险清单梳理。日常使用阶段通常包含航天装备动用使用、航天装备维护保养、航天装备储存、航天装备计量和航天装备等级评估等。

(一) 航天装备动用使用

航天装备动用使用是指通过航天装备基本操作来发挥实现航天装备基本性能的过程，航天装备动用使用是航天装备日常管理的基本内容，也是确保部队能够完成各项工作的必要途径。航天装备动用使用过程中的风险源和风险因素相对较多，是航天装备事故高发和频发阶段，风险因素通常表现为管理人员和操作人员未按照技术规定动用航天装备、不了解航天装备的技术性能、未组织动用使用前相关检查、未按规定的操作规程操作、未进行安全保护措施、超强度超负荷使用航天装备等。航天装备动用使用风险的主要风险源为航天装备使用人员，使用人员的专业素质、心理素质、操作能力、履职态度、认证考核等均与航天装备动用使用风险息息相关。航天装备动用使用应当是建立在使用人员对航天装备性能、结构、原理、操作规程、安全把控点、技术等完全掌握的基础上，与此同时，务必做好航天装备动用使用前的相应检查工作，掌握好航天装备状态，发现故障问题立即停止操作，排查检修完毕后方可再次操作，严禁带故障操作；不按航天装备属性、用途使用航天装备，作战航天装备进行保障任务，运输航天装备超过限额等情况指的就是未按照航天装备属性、航天装备用途使用装备，这样会降低装备效能的发挥，一定程度降低其本身用途职能效能发挥，造成航天装备毁损风险。与此同时，未按照航天装备性能和规范使用航天装备同样造成装备损坏和人员伤亡。

（二）航天装备维护保养

航天装备维护保养是航天装备日常使用的必要环节，是保持航天装备性能、航天装备状态最佳的有效手段，进而保障了航天装备能够按照规定用途正常使用。航天装备维护保养有其规定的维护保养时机、范围、种类、耗损，一般在航天装备运行或使用一段时间后便需要按规定进行维护保养，维护保养工作以清洁、紧固、润滑和检查监测为主。在航天装备维护保养的过程中，常见的风险因素为未按规定组织维护保养、维护保养内容不全、维护保养程度不够、维护保养物资不足、维护保养时机不对等。

（三）航天装备储存

航天装备储存与航天装备使用动用同等重要，航天装备储存环境、储存状态会极大程度上影响航天装备性能，航天装备储存指的是为保证航天装备性能、航天装备质量，将航天装备长期存放在航天装备库房或阵地进行储存保管所开展的一系列活动。常见的风险源包含储存环境、储存检查、航天装备保养等。

一是储存环境。航天装备储存风险与储存环境关联性最强，常见的影响航天装备储存环境的因素为温度、湿度、腐蚀性气体等，在实际储存过程中，常常是保管员没有对这些因素足够重视、未及时记录数据，导致数据标准超过既定标准，进而影响航天装备性能保持。

二是储存检查。航天装备的储存并不是存放以后就不需要管理、不需要检查了，而是需要持续指定专人进行定期检查，进而能够及时发现航天装备储存期问题，防止问题扩大化。检查周期、检查内容应该结合储存地域、环境、航天装备类型等具体情况明确，通常检查的内容包括航天装备金属、橡胶、油液、液压装置、电气元件等，检查中可能存在的风险因素是检查过程中未及时发现问题、未定期组织检查导致航天装备发生金属锈蚀、橡胶氧化、液压装置密封不好、电气元件损坏，最终影响航天装备效能发挥。

三是航天装备保养。储存航天装备虽然长期不使用，但是不代表不需要进行相关保养工作，保养工作与在役使用航天装备不同，通常包含转动活动机件，定期进行通电检查，定期发动运行，定期进行密封检查等。需要根据各类航天装备的特点针对性制定相关航天装备储存期保养规定。在此期间内的航天装备风险因素通常为航天装备管理部门未发挥管理职能、未制定相关管理制度规定、管理分队未进行航天装备保养，导致储存过程中航天装备部分指标性能出现一定程度下降。

（四）航天装备计量

航天装备计量是指通过科学的计量测试技术对航天装备进行的定期抽样或全部检查校准，提高航天装备的技术状态和保持航天装备性能，是部队能够保持战备状态、满足航天装备在役率的必要手段和基础。

航天装备计划工作的开展以计量人员能力素质和计量器具性能为基础，同时，还需要进行有序、科学地组织。航天装备计量的主要风险源为计量环境和计量时机。

1. 计量环境

计量工作是一项精密工作，对实施的环境要求较高。影响结果准确性的环境因素较多，通常包含空气温度、空气湿度、空气杂质、空气压力和计量场所的抗磁场、抗干扰能力等。计量准确度出现偏差可能的影响因素为测量标准的准确度和测量仪器的准确度，还有可能是测量以外的一些量的影响，可以具体划分为影响量和干扰量，需要具体情况具体分析，最大限度降低各类其他量的影响，控制在一定的阈值范围内，一旦超过阈值将会严重影响计量准确度，进而增加计量偏差，影响航天装备技术状态。

2. 计量时机

计量时机的选择与计量环境同样重要，选择错误的计量时机，按照错误的计量种类进行计量工作，将无法起到有效计量的效果，还会造成人力、资源的浪费。通常将计量时机分为初级计量、周期计量、修复计量，选择正确的计量时机才能起到计量作用，常见的风险因素为选择错误的计量时机、规定时间内未组织航天装备计量。航天装备储存时间过长时，需要对其进行密封，重新启封时需要进行计量；周期计量通常为在规定的时间内对航天装备进行计量，不同型号、种类航天装备具有不同的计量周期；修复计量往往是针对具有一定故障的航天装备，按照规定的规程、参数对其进行校正、修复，使航天装备恢复响应性能。

（五）航天装备等级评估

航天装备在使用或储存过程中受诸多因素的影响，其质量等级必然发生变化。因此，航天装备使用和管理者应随时掌握航天装备质量特性的变化情况，以便充分发挥航天装备效能，提高管理效益。航天装备使用管理业务部门应当定期组织航天装备质量分析评估，梳理、汇总航天装备使用过程中的问题信息，研究提出保持、提高航天装备质量性能和加强改进质量管理工作的措施意见。使用部队应按照航天装备质量分级技术标准，开展航天装备质量定级和转级工作。及时准确地进行评估工作，利于航天装备日常管理工作进行，能够帮助管理层进行航天装备使用决策。错误的、滞后的航天装备等级评估会造成航天装备效能下降和部队战斗力下降。航天装备等级评估风险主要风险源为评估分级标准不明确、未按规定进行航天装备转级。航天装备质量分级常见的风险因素包含质量标准不具体、不细致，各质量等级之间区分不明确；航天装备转级风险主要包含转换手续不齐全、转换未审批、转换时机滞后。

二、风险应对

（一）航天装备动用使用风险应对

（1）定期组织操作人员培训和考核，提高人员岗位能力，做到管理者、使用者均能够做到熟悉航天装备的性能、结构、原理、操作规程和安全要点。

（2）培养良好的动用使用习惯，将动用使用前检查成为一种制度，要求操作人员坚持做到先检查航天装备状态后使用，保证掌握所操作设备状态。

（3）严禁带故障操作，树立安全操作理念，一旦操作过程中发现不正常现象或故障时，均要采取果断措施立即停止操作，及时排除故障，不得强行操作使用。

（4）严格遵守航天装备用途动用航天装备。只有严格地按照编配用途使用航天装备，才能充分发挥每种航天装备特定的作战效能。因此，平时非经上级特别批准，战时非特殊情况，不得任意改变航天装备的编配用途，不得挪作他用。按航天装备的战术技术性能和操作规程正确、安全地使用航天装备。航天装备的不同用途是由其战术技术性能体现的，性能不同则用途不同。如果不能按性能和规范使用航天装备，就有可能影响航天装备的正常使用，情况严重时还会造成航天装备损坏和人员伤亡。

（二）航天装备维护保养风险应对

在平时组织航天装备维护保养时，需制订专门计划、专人负责，严格区分保养时机和保养内容，准备充分，做到有维护保养、有检查，用检查督促维护保养制度落实和提高维护保养效果。在进行战时航天装备维护保养时，需要单位领导结合当前战斗进程、时间间隙和航天装备技术状态等情况，具体确定航天装备维护保养时机、地点、内容，以灵活机动和保持航天装备最佳技术状态为首要，确保不影响后续战斗开展，动态进行航天装备维护保养和航天装备维修沟通交流，确保遇有紧急情况能够立即处置。

（三）航天装备储存风险应对

1. 改善环境

影响航天装备储存保管期间质量的主要因素是库房、阵地的各类环境因素，如温度、湿度、腐蚀性气体等，应根据航天装备储存保管的实际需要，不断改善航天装备的储存保管环境，及时、准确记录储存保管环境温湿度，收集影响航天装备质量的环境信息。

2. 定期检查

航天装备要指定专人负责，做到定期进行质量检查。检查比例应视数量和保管条件而定。定期检查的主要内容包括金属是否生锈，橡胶是否老化，泊液是否变质，反后座装置、液泵是否漏气、漏液，电气元件有无锈蚀、氧化，各电气部分工作是否正常，光学部件是否生雾、生霉等。

3. 及时组织保养

封存航天装备应根据需要进行维护保养，如定期转动活动机件，定期进行通电检查，定期进行密封检查等。航天装备部门应根据各类航天装备的特点，制定封存期间的保养规定并拟制实施计划，组织有关机构和部（分）队展开工作。

4. 完善健全制度

要抓好航天装备封存入库后的管理工作必须建立一套严格的规章制度。这些规章制度主要包括管理责任制度、维护保养制度、登记统计制度、人员出入登记制度和检查制度。只有建立严格的规章制度并认真履行，才能提高封存航天装备管理的质量和效益。

（四）航天装备计量风险应对

（1）保证计量环境达标，提高计量结果准确性。对测量环境中的空气温度、空气相对湿度、空气压力、空气洁净度、空气流程、周边磁场、噪声等因素，明晰因素范围，保证计量环境可靠。

（2）准确把握航天装备计量时机，区分航天装备初级计量检定、航天装备周期计量检定和航天装备维修计量检定，准确把握各计量时机条件、时间、内容，制定计划措施。

（五）航天装备等级评估风险应对

1. 制定航天装备分级标准

航天装备质量分级标准是航天装备分级的依据，对于不同类型的航天装备，应由航天装备管理部门组织制定不同的质量分级标准。分级标准的级别划分和各等级的具体技术参数和指标，应能正确地反映航天装备的实际技术状况和质量状况，以便于区分航天装备等级，制订相应的使用、储备和维修计划，达到航天装备分级管理的目的。制定质量分级标准，应抓住能够客观反映航天装备技术状况的主要方面，确定关键的最小化参数数值。

2. 严格区分航天装备等级

区分航天装备等级时，必须符合上级颁发的各种航天装备等级技术标准。不允许把尚能使用或尚有修理价值的航天装备提前列入报废航天装备中，也不得为掩盖管理中存在的问题而放宽标准，把已不能使用且无修理价值的很可能发生危险的航天装备定为堪用品。航天装备等级评定结果应经有关部门予以确认。

3. 转级手续完备

航天装备等级发生较大变化时应当及时转级，各级明确确定航天装备的转级评定时机。当航天装备经检查、鉴定，确认应当转级时，应填报有关文书，申请转级权限上报，经批准后方可转级。

第四节　航天装备维修风险管理

航天装备维修指的是航天装备在使用、储存的过程中发生故障问题，为使航天装备恢复有关技术文件所规定的状态，以达到预期作战效能所进行的全部技术管理活动。航天装备维修是保持和恢复航天装备作战效能的重要手段。航天装备维修保障效果依赖现代科学技术的理论和手段，深入研究航天装备故障模式、故障因素和具体可行的维修方法与技术，人员维修能力素质和维修力量配置、维修设备与维修效果息息相关，要精准分析维修保障的要求，从而对与维修保障系统有关的各种复杂因素加以分析、综合、权衡和判断。

一、航天装备维修风险识别

航天装备维修过程中的风险源较多，涉及因素众多，需要按类型进行差异性分析，主要风险因素包括以下几个方面。

（一）航天装备检测

航天装备检测是指航天装备日常使用过程中能够及时发现航天装备故障，是做好航天装备维修工作的基础和前提，现实中往往无法及时发现航天装备故障，检测设备的落后和人员意识的欠缺造成未及时发现故障。

（二）航天装备保养

航天装备维修过程中通常会视情况进行部分保养工作，如必要的使航天装备处于规定状态的润滑、加燃料、加油料、清洁等，工作量虽然小但是对航天装备状态保持和寿命来说是必要的，不进行此类工作会造成航天装备损坏。

（三）故障处理

故障处理一般分为故障定位、故障隔离、故障修复三部分，故障定位风险因素主要为定位不准确，故障隔离风险因素主要为隔离范围过小，故障修复风险因素主要为未修复完全，与此同时，在进行航天装备拆卸和安装过程中，安装不规范、零件未处理好均成为航天装备后续故障的风险因素。

第九章 航天装备使用阶段风险管理

（四）航天装备调教

在完成航天装备维修后，需要对其进行航天装备性能校正、确认，确保航天装备恢复作战效能，保持正常的工作状态，调教过程容易出现航天装备参数偏差。

（五）维修人员

维修人员始终是一项活动开展的基础要素，他们的维修水平决定了航天装备的维修效果。航天装备维修过程中的维修人员风险因素主要包含不熟悉航天装备原理、故障定位错误、不会使用维修设备等。

（六）维修设备

维修设备是维修工作开展的手段，社会性能的好坏与是否匹配一定程度会影响维修工作的顺利开展，维修设备的常见风险因素是设备型号与维修航天装备不匹配、设备故障及维修设备未维护等。

二、航天装备维修风险分析

（一）技术风险

地方维修单位在人员技术水平、维修零部件使用、维修技术工艺、航天装备的检测试验等技术环节上可能存在质量管理问题，包括用临时工代替双方约定的维修人员，对约定的维修质量打折扣等。在特殊情况下，维修单位对部队环境的快速变化做不到快速反应，不能准确理解部队方面的业务和目标。

（二）经济风险

维修单位靠提供维修服务获取利润分配，受市场经济影响较大，一旦出现经营不善，资金投入会锐减，使航天装备保障能力受损。除了自身的经营风险，部队一些项目受到保密性要求，很多资料不能公布，进行融资比较困难，再加上部队内部严格的流程会使应收账款时间过长，都会造成财务压力。

（三）信息风险

部队与维修单位是一种委托代理关系，一方为保护自身的核心利益，可能对另一方有所隐瞒，在实际维修过程中，利用信息优势，掩盖不利信息，从而造成假象。维修单位往往掌握更多活动信息和数据资源，存在数据造假的可能，地方维修单位通过隐蔽方式减少维修要素投入，提高不合法收益。另外，在维修单位进行维修保养，数据记录在维修单位，产生的数据造成一定的泄密风险。对于特殊的信息安全设备，可能会造成文件泄密、失控，航天装备耗损、维修需求、方案决策等情报的准确性也不容忽视，如有偏差和错误将会降低维修保障的整体质量效果。

（四）管理风险

在地方维修单位，维修人员更多追求利益最大化，当发生人才流失时，特别是拥有专业技术的人才流失后，必然会造成航天装备维修保障体系能力的损失。在战时等特殊时期，面对残酷的战场环境，维修人员心理变化也将直接影响战时航天装备维修保障能力。

三、航天装备维修风险应对

（1）对维修保障单位关键环节有针对性地进行监督，建立相应机制，提升合作水平。采取部队、地方维修单位和领域专家捆绑作业方式，基于维修流程，研发简洁、高效的管理信息系统并在线运用，提升维修保障水平。

（2）针对财务问题，部队相关单位需要进一步优化财务流程，也可选择部分付款的方式，降低地方单位的资金压力，促进地方单位提供更多优质的资源，提升航天装备维修军事融合式保障的军事效益。同时，地方单位可以积极申请政策福利，提升对应收账款的风险意识，充分利用部队优质的应收账款信用，进行应收账款融资，缓解资金压力。

（3）提高维修保障单位的使命感和责任感，应加强相关方面的培训，充分认识到航天装备维修保障工作的重要性。

（4）部队需加强与地方维修单位沟通，可以协助地方维修保障单位留住核心人员，做好人员的思想状况、心理素质和生理状况的关注，尽可能地消除人为风险因素。与此同时，还要建立长期互帮互助、互学活动，提高部队整体维修保障能力。

第五节 航天装备延寿改进与退役报废风险管理

航天装备延寿改进是针对装备在长期使用后不同的退化现象，采用的专门的技术处理措施，以部分或全部恢复装备的性能，使其仍旧能正常发挥原有的作用。退役报废，是根据装备性能、质量、技术状况，将不再适应战斗力要求的装备退出现役的过程。装备延寿改进与退役报废是装备全寿命周期、全系统管理的最后阶段，是保障部队装备完好的重要工作。

一、航天装备延寿改进与退役报废风险评估

结合新修订的《军队安全管理条例》相关要求，在组织重大活动、执行危险性较大的任务时，应当预先进行风险评估。下面具体介绍评估步骤与流程。

（一）安排部署评估总体工作

评估工作由航天装备所属单位主要领导或分管安全领导负责，通常安排部署评估组织建立、确定评估内容、明确评估方法、规定评估时限等事项，一般在正式评估开始前一周进行。

（二）建立评估组织

评估组织成员通常情况下不少于5人，成员本职岗位或熟悉专业涵盖风险问题的所有领域，必要时需外请专家，聘请军地院校、科研院所和生产厂家有关专家参与，担负重难点问题分析评估工作。

（三）确定评估内容

风险评估应紧紧围绕可能发生的风险事件，必须涵盖所有可能出现危险事件的方面，以两种比较有代表性的情况为例进行说明，一种是较大规模军事演习，航天装备使用风险评估内容包括人员素质、航天装备状况、科目设置、保障补给、演习地域、空域、海域以及周边自然环境、气象条件、地质条件等因素；另一种是参与重大自然灾害抢险救灾活动，航天装备使用风险评估内容包括灾情种类、灾害程度、人员素质、航天装备性能、保障条件、军地协同、气象条件、交通条件等因素。

（四）确定评估方法

根据评估对象的性质特点，灵活选取技术检测、考察测试、模拟实验、调查论证、综合分析等方法，保证风险评估的高效性和准确性。技术检测法，运用相关检测设备对航天装备的技术状况、安全状况、人员健康状况、水文地质、化学污染等对象和内容进行检测评估，通过与固定的参照标准对照，确定风险因素及其危害程度；考察测试法，通过对执行任务人员开展心理测试、安

全意识考察、技能考核等来判断人员素质高低,是否适合参加此次任务,通过测试手段查找风险因素;模拟试验法,通常用于危险系数大、缺乏组织经验、组织实施难、作业环境差等高风险任务,利用各种器材、设施、电脑软件、沙盘地图等进行预想推测,可采取图(网)上作业、沙盘作业、现地作业等方法,对方案计划、科目设置、协同动作进行评估,通过反复的推演模拟来确定风险因素;调查论证法,主要通过查阅相关资料、开展实地调研、听取广大群众意见建议、案例分析等方法对各种深层次风险因素进行综合分析排查,查找风险因素;综合分析法,通过定量与定性分析,计算危害之和概率值,化学污染程度、疫情调查、食品安全等方面的评估可通过抽样检查、数据统计、概率计算等定量分析方法,对于经常组织的活动和经常遇到的问题,可运用定性分析方法,凭借所掌握的知识、经验,根据标准规范和历史资料,分析判断可能的事故风险。

(五)组织风险评估

该阶段是风险评估的核心部分,主要包括分析任务、查找风险源和分析风险因素。

(1)分析任务。根据任务进程将任务内容划分为若干个阶段,对每个阶段内容进行细致分析,通过对任务进程的分析找到任务的关键部分,明确风险节点。

(2)查找风险源。选取适当的评估方法对任务的全过程进行分析,特别是对高风险因素要反复挖掘、反复论证,风险源种类很多。

(3)分析风险因素。要想消除任务中的风险因素,必须首先确定风险源,针对不同任务和不同风险因素,具体情况具体分析,风险因素概括起来有以下几方面。

①任务性质因素。任务的性质、要求不同,风险程度也不同,要从任务的性质特点、规模层次、联合程度等总体上把握其风险程度。

②人员风险因素。一是官兵生理心理性风险因素,主要指作业人员负荷超限、生理疲劳、心理异常、健康状况异常;二是素质能力性风险因素,主要指作业人员、指挥和管理人员风险意识淡薄,防范能力不强,技术水平不过硬等风险因素;三是行为性风险因素,主要指违章组织、违章指挥、违章保障、违章操作、玩忽职守等,以及各种不安全习惯等人为失误因素等。

③航天装备设备因素。一是对实际情况了解不够,选择的航天装备不适合执行任务,如车辆载重能力不足,挖掘机挖臂长度不够等;二是航天装备维修性能不良,由于航天装备日常保养不及时,造成航天装备运行状况不良或不正

常，不能完全发挥出航天装备应有的性能。

④制度缺陷性因素。制度缺陷性因素主要指规章制度不健全，技术标准不明确，安全责任不落实，管理功能失效等危险因素。

⑤外部环境危险因素。任务区域内气象、水文、地质、疫情等因素与部队安全关系重大。要突出任务特点，抓住关键因素，具体精准分析。

⑥保障能力因素。保障能力因素主要指分析评估通信联络、后勤补给、医疗救护和航天装备维修等保障能力与任务的适应程度及对部队安全的影响。

（六）作出评估结论

完成风险评估后，评估小组要对查找出的风险及时进行集中汇审，如果有若干的评估小组分别评估各自领域风险，最后需要将各小组的评估结果进行综合分析，确定风险等级，得出评估结论，研究对策措施。评估结论的主要内容包括确定风险等级（特大风险、重大风险、较大风险、一般风险）、可能发生事故的关键环节、严重程度（特别严重、严重、较严重、一般）、事故发生概率（经常、很可能、偶尔、很少、极少），科学进行风险决策。风险决策一般有下列 6 种情况。

（1）接受风险：当判定完成任务风险等级较低且危害和损失较少时，任务带来的损失可以承受，应做好相应的准备工作。

（2）减轻风险：当判定完成任务有一定风险时，分析研究风险可能带来的各类后果，选择最佳实施方案，把风险损失降至最低。

（3）避免风险：当判定局部环节有较大风险时，应当确保任务完成的前提下，修订计划方案，改进方式方法，降低风险程度。

（4）转移风险：当判定执行任务单位和人员不具备完成任务能力，存在较大风险，可将部分或全部任务转移至有能力执行任务的单位和人员执行，或借助其他工具平台实施。

（5）延迟风险：当判定实施条件还不完备、当前执行任务有较大风险，且任务没有严格的完成时限时，可待环境好转、条件许可后再执行。

（6）规避风险：当判定实施条件不具备、存在不可抗拒重大危险因素，或实施过程中出现重大风险情况，现有防控措施无法有效控制时，应当取消或终止该任务。

（七）风险评估成果运用

风险评估完成后，必须及时形成风险评估报告，作为领导决策参考。报告中内容包括评估时间、评估组织成员、评估依据、评估方法、评估经过、评估结果,并提出对应的对策措施。

二、航天装备延寿改进与退役报废风险应对

航天装备延寿改进与退役报废既关系到军队装备的发展和部队战斗力的提高等重大军事、经济问题,又关系到装备的保密、开发、研制以及人员安全、环境保护等多方面的问题,有效降低这一阶段风险,可以考虑以下几点。

(一)发布风险预警,开展风险警示教育

使现场指挥和操作人员明确所面临的主要风险,提示风险等级,增强险情识别,避免出现人为差错,按照风险等级做好防范工作;设置警卫、障碍或醒目的警示标识。

(二)下发整改通知书,消除重大风险源和风险因素

对潜在问题和风险节点发出警告,区分轻重缓急,明确责任单位、责任人与整改时限,逐项组织整改。对于无法解决的重大风险因素及时向上级报告,说明情况和原因。

(三)组织实施专业技能培训

更换适当人员参与任务,组织任务人员进行操作和防护技能培训,提高指挥员、操作员和保障人员应对风险的能力。对从事高位作业和特殊任务的人员应定期组织专门的模拟训练提高风险规避能力,对于经过培训仍无法胜任任务的人员,必须果断更换,消除隐患,降低风险。

(四)实施技术管控,完善管理制度

一是对照风险评估报告建议,选择合适的航天装备设备执行任务,对航天装备和设施设备实施精确维修和技术保障;二是完善管理制度,制定各项安全防护措施,围绕规范工作流程,固化操作规程、明确行为规范、细化安全措施,逐项逐条研究完善,减少由于制度本身带来的风险。

(五)加强各类保障,严格节点控制

根据评估报告中明确的关键节点和风险事件,有针对性制定管控措施,指定责任单位和责任人,加强训练演练,建立反馈机制,对风险应对措施执行情况进行跟踪监督,强化落实各项安全措施。要针对可能的安全风险,加大相关

物资筹措，加强相应器材工具的保障，强化技术保障力量，提高对风险的抵御能力。

本 章 小 结

本章分析了航天装备生产阶段风险管理概念、目的、原则等一般性理论，分阶段重点介绍了航天装备接收、日常使用、维修、延寿改进与退役报废等不同使用阶段各自风险的识别、评估、应对与监控的过程、内容与方法，论述了各阶段风险应对的策略，有助于提升相关人员在航天装备使用阶段的风险管理能力。

思 考 题

1. 简述航天装备不同使用阶段风险管理的基本思路。
2. 列举航天装备不同使用阶段的典型风险及其应对策略。

第十章

航天装备全寿命风险管理防控体系建设

学习目标

学习本章后，学生应能理解航天装备全寿命风险管理防控体系的定义与内涵，认识航天装备全寿命风险防控体系的作用，把握其构建原则与主要任务；重点掌握航天装备全寿命风险管理防控体系建设框架，领会每一体系的内涵，掌握体系建设流程；理解航天装备全寿命风险管理防控体系运行的重点和需要关注的问题，具备初步体系化航天装备全寿命风险管理防控意识与能力。

主要内容

（1）航天装备全寿命风险管理防控体系概述；

（2）航天装备全寿命风险管理防控体系建设框架；

（3）航天装备全寿命风险管理防控体系建设流程；

（4）航天装备全寿命风险管理防控体系运行的重点和需要关注的问题。

航天装备项目具有技术复杂、投资大、参与单位多、需要协调的方面多、研发周期长、包含未知因素多以及影响面广等特点，在其全寿命周期中充满了风险与挑战，在任一环节考虑不周或稍有不慎，都有可能造成重大损失和影响。运用系统思维，构建航天装备全寿命风险管理防控体系，已成为影响和决定航天装备项目成败的关键因素。

第十章　航天装备全寿命风险管理防控体系建设

第一节　航天装备全寿命风险管理防控体系概述

在航天装备立项论证、研制生产、使用保障等全寿命过程中，只有加强系统思维和创新思维，在航天装备全寿命风险管理防控体系建设上下功夫，强化对风险进行有效的识别、预警和控制，才能筑牢航天装备安全风险的"防火墙"，有效防范和化解风险，实现航天装备质量的跨越式发展。

一、航天装备全寿命风险管理防控体系的定义与内涵

航天装备全寿命是指航天装备从"生"到"死"的全过程，即从航天装备的论证、设计、试验、定型、生产、订购、列装、使用、保障直至退役报废的全过程。航天装备全寿命不同阶段所涉及的主体单位和工作内容各不相同，但又相互衔接、相互关联，共同影响航天装备的质量和使用效能，呈现出明显的系统特点。在航天装备全寿命过程中，存在军方和承研承制单位两大主体单位，军方作为航天装备论证、订购、列装、使用、保障和报废的主体单位，在航天装备建设中起主导作用，地方单位作为航天装备的设计、试验、定型和生产的主体单位，在航天装备建设中扮演供货方的角色。航天装备建设的质量离不开军民融合、协同共管作用的发挥。

风险防控体系是一个科学、完备、可操作的风险管理工作平台，通过总结分析风险防控的客观过程和航天装备风险管理工作的特点规律，科学分解风险管理防控的各个过程，明确各个过程的工作内容、工作方法及标准要求，从而对各类风险要素和关键操作实施科学有效的管控。航天装备全寿命风险管理防控体系是指在航天装备全寿命过程中，以提升航天装备质量和满意度为目标，以航天装备军方主管机关为主导，充分协调整合参与航天装备全寿命各阶段工作的军地单位资源，综合应用源头治理、分级控制和运行机制建设等措施，通过统一管理、整体联动、齐抓共管而形成的预防和控制航天装备风险的系统性工程。

航天装备全寿命风险管理防控体系建设的高层主体是航天装备军方主管机关，其他主体包括使用航天装备的部队以及航天装备承研承制单位，核心是整合军地资源对航天装备全寿命周期风险进行全过程、全要素、全系统管理，目

的是实现对航天装备全寿命周期风险标准、规范的整体防控。

二、航天装备全寿命风险管理防控体系的作用

（一）开展风险管理防控体系建设是破解航天装备风险管理难题的科学方法

随着航天装备建设中大量高新技术的应用，新材料、新工艺的应用，军地协同内容和深度的拓展以及航天装备系统结构复杂程度的加深，航天装备风险隐患隐蔽性、流动性、突发性凸显。航天装备风险管理工作面临的形势日益严峻，具有普遍性、复杂性、体系性、高风险性等特点，抓风险管理的传统模式已经不能适应航天装备建设发展需求。开展航天装备风险管理防控体系建设，是利用体系化思想和基于风险的底线思维破解当前航天装备风险管理难题、提高航天装备综合效益的有益探索。

（二）开展风险管理防控体系建设是规范航天装备全寿命风险管理工作的具体抓手

多年来，开展航天装备风险管理工作往往习惯于依靠各相关单位开展风险大排查、专项清查整治等大项活动推动，事件驱动、运动抓建、突击整治、经验管理、各管一头的特点非常明显，军地难以形成齐抓共管合力，风险管理流程不够科学规范，导致风险隐患得不到及时有效治理，有的甚至发展为风险事故。要改变这种被动抓管理的局面，必须建立一套科学系统、精细规范的航天装备全寿命风险管理防控体系，把风险管理工作的思路、举措、方法、要求等统一起来，成为体系化、规范化和具体化的行为准则和工作指导，使风险管理工作落实在航天装备全寿命的每个阶段、每个过程、每个要素，全面规范航天装备全寿命风险管理工作。

（三）开展风险管理防控体系建设是科学防范航天装备各类风险问题的现实需求

海恩法则指出：每起严重事故的背后，必然有 29 次轻微事故和 300 起未遂先兆。分析以往航天装备事故成因，我们发现，每起事故发生前就已经暴露出不按制度管理、不按要求落实、不按规范操作等隐患苗头，但由于防范目标不清晰、防范机制不完善、防范责任不明确等原因，使该解决的问题没有得到及时解决，最终导致了事故的发生。总结经验教训，应深刻认识到抓风险管理工作需要建立一种覆盖全方位、全要素、全过程的安全风险管控机制，实现风

险管理工作关口前移和纵深预防，提高事故预防的科学性和有效性。

（四）开展风险管理防控体系建设是提升风险管理工作质量效能的实际举措

以往抓航天装备风险隐患治理，牵头管理部门系统筹划少，业务部门各自为战多，业务领域之间相互掣肘、治理成效低层次徘徊的现象较为严重。为提高航天装备管理工作质量效益，航天装备全寿命风险管理防控体系坚持以提升航天装备质量效能为根本出发点，按照"管为战"的工作理念，将以往分散独立的各类风险制度规定进行系统化整合提炼，消除业务领域之间的壁垒，厘清部门单位之间的职责，切实提高风险防控效能，为提升航天装备质量效能提供了有力支撑。

三、航天装备全寿命风险管理防控体系建设的基本原则

（一）坚持集中统一领导、大事大抓

航天装备军方主管机关是航天装备全寿命风险管理防控体系建设的领导机关，航天装备工作各参与单位在主管机关的集中统一领导下，结合承担的航天装备工作细化主管机关要求，建设各自单位的风险防控体系。军地各相关单位党委应把防范化解航天装备重大风险作为政治责任，把风险管理防控体系建设作为重要任务，坚持大事大抓、常议常抓，集体研究决策，分工负责抓好落实。

（二）坚持系统规划、分步推进

航天装备主管机关对航天装备全寿命风险管理防控体系建设内容要素进行整体设计、科学规划，指导军地各相关单位边建设，边运用，边完善，逐步推进、迭代更新建立健全航天装备全寿命风险管理防控体系网络。

（三）坚持领域主导、分级管控

各单位按照航天装备全寿命"业务谁主管，风险谁负责"的原则，把业务领域和体系建设有机结合、融为一体，区分风险等级，分级管控航天装备全寿命各阶段各领域风险，提升防范化解风险的专业化、科学化水平。

（四）坚持关口前移、精准防控

突出底线思维、问题导向，准确识别各类风险隐患，剖析找准问题源头，

研究针对性防范措施，切实使航天装备风险图之于未萌，虑之于未有，确保各类安全风险托底受控。

四、航天装备全寿命风险管理防控体系建设的主要任务

航天装备全寿命风险管理防控体系建设的主要任务，是在航天装备主管机关的统一领导和策划下，军地各级相关单位建立航天装备全寿命不同阶段科学可行的风险防控文件规范体系、制度机制体系和评估标准体系，实现航天装备全寿命风险分级管控、风险源数据库动态更新、管控措施完备有效，为航天装备主管机关提供一个职责清晰、系统完备、覆盖全面、简洁实用、可操作性强的安全管理工作平台，进一步提高风险管理的质量效益。其具体建设任务包含以下四方面内容。

（一）建立全面准确、动态更新的风险源数据库

各相关单位在航天装备主管机关的领导下，定期开展航天装备风险源识别活动，梳理查找各层级、各领域、各类别航天装备风险，科学分析界定风险等级，建立各单位负责的航天装备全寿命某阶段的风险源清单和防控措施台账，及时更新调整，实时掌握风险源底数变化，切实把准防范化解风险的根本着眼点和着力点。

（二）建立类别齐全、简洁实用的体系文件

以航天装备风险源清单为基本依据，从航天装备主管机关到军地参与航天装备工作的单位，分层级、分领域编写各自负责的航天装备任务的风险防控手册、防控工作规范、岗位防控指南、记录文件等，固化风险防控经验做法，明确有关标准要求，为风险防控工作提供基本依据和遵循。

（三）研发设计科学、功能完备的信息系统

运用现代信息技术手段和科学方法，逐步实现航天装备全寿命风险分级管控、重点要害部位可视化管理、风险隐患治理动态跟踪等管理要素信息自动汇总分析等功能，为各级管控风险提供辅助决策的科学依据。

（四）健全依法规范、运行高效的制度机制

研究建立航天装备全寿命风险识别管控、安全管理责任制、重大风险预警响应处置、风险防控检查监督、各级各部门协调会商等制度机制，使风险防范化解工作有章可循、职责清晰、整体联动、运转顺畅，能够切实防止和减少事

故，及时有效处理安全问题，保证部队战备、训练等各项工作顺利进行。

第二节　航天装备全寿命风险管理防控体系建设框架

为了着眼航天装备全寿命质量效能需求，响应国家军民融合深度发展战略，需要航天装备主管机关从顶层设计入手，统筹规划、统一协调军地资源，优化资源配置，建立跨军地、跨部门、跨层级的军地一体化航天装备全寿命风险防控体系。航天装备全寿命风险管理防控体系建设框架包括风险防控目标策略体系、教育训练体系、监督检查体系、人才队伍体系、方法手段体系、设施设备体系和数据信息体系，共同构成航天装备全寿命风险管理防控体系。

一、明晰的航天装备风险防控目标策略体系

航天装备风险防控目标策略体系是风险防控目标及相应策略的集合体，包括航天装备主管机关牵头制定的风险防控总目标及总策略，以及在风险防控总目标统领下，航天装备风险防控各领域、各部门、各层级根据各自承担的航天装备任务确立的风险防控分目标、子目标及相应的细化精确策略。例如按照航天装备风险等级确定相应的风险防控目标。任何风险防控活动应是有明确目标的活动，并伴随着不同的防控策略。因为从风险本质属性来讲，风险不会消失，只能针对其承载依附的不同情况，如人的不安全行为、物的不安全状态和环境的不安全因素，而采取降低风险发生的后果或其发生的概率。目标决定风险防控的方向，策略决定风险防控的手段和内容，目标和策略共同决定航天装备风险管理防控体系的运行体制机制以及方式途径。加强航天装备全寿命风险防控体系建设，应首先确立科学的风险防控目标体系，并采取与目标可以精确匹配的风险规避策略、风险减小策略、风险转移策略，或者是对一些未知的潜在风险或已知的潜在风险预留应急储备，采取积极接受的风险接受策略等。

二、扎实的风险防控教育训练体系

风险防控教育训练体系主要是指参与航天装备全寿命相关工作的各级单位为确保本级负责的航天装备质量而开展的风险防控教育和风险防控训练活动。风险防控教育训练旨在增强参与航天装备全寿命相关工作的人员的安全风险防控意识和风险思维，主要包括航天装备风险防控的常识教育、基本理论方法教

育、预防警示教育和规章措施教育等。风险防控教育训练旨在提高参与航天装备工作全体人员识别风险、防控风险的能力和素质，主要内容包括各种专业操作的风险防控技能训练、风险应对技能训练、应急避险伴生风险应对的技能训练，以及在采取风险防控措施时应对风险的技能训练等。

三、严密的风险防控监督检查体系

风险防控监督检查体系主要是指参与航天装备全寿命相关工作的军地各级单位，为进行航天装备风险管理综合检查、专项检查和实施监管而组成的力量、明确的相互关系和工作内容等的集合体，是确保航天装备全寿命风险防控工作得到有效落实的保障。风险防控监督检查应聚焦各级负责的航天装备工作所涉及的风险领域的潜在风险，采取不打招呼的方式随机开展检查；通过定期定向的有力的风险防控监督和检查，切实压实各级责任，让航天装备主管机关和各级单位共同挑起齐抓共管航天装备风险的担子，把风险防控工作纳入各单位党委议事决策内容并形成机制，融入航天装备建设各阶段各领域并强化监管，嵌入部队演习、训练等重大活动且全程跟进管控。

四、精锐的风险防控人才队伍体系

风险防控人才队伍体系是从事风险防控活动的各类管理人员的集合，是风险防控体系高效运行最具主观能动性的决定性力量。建设精锐的航天装备风险防控人才队伍体系，要按照现代风险管理的专业化、精细化、科学化发展要求，在军地各级单位和部门、分系统、分领域建立航天装备风险管理专家库，有效发挥技术人才在风险管理专业领域的中坚作用。同时，加强风险防控骨干队伍培训，充分用好"三位一体"军事教育体系，加强各级风险管理骨干提高与从事工作岗位相适应的安全风险管理知识储备和能力。依靠全员识别风险、规避风险、抵御风险，坚持领导专家、群众相结合，真正把"我的安全我负责、他人安全我有责、装备安全我尽责"的理念植入每个参与航天装备工作的人员脑海中，转化为自觉行为，真正打造一支懂风险、善管理、会防控、有担当的新型高素质航天装备全寿命风险管理防控精锐力量。

五、先进的风险防控方法手段体系

航天装备风险防控方法手段体系是为达成安全风险防控目标、保证风险防控活动顺利进行所采取的方式、手段的总和。风险防控的有效性依赖方法的科学性。加强航天装备全寿命风险管理防控体系建设，要求我们必须学习和掌握现代管理和风险管理的科学方法，不断推进风险防控方法手段的创新发展。例如在航天装备风险评估中就可以引进采取数据分析、技术检测、素质测试、实验论证、综合研判等方法进行。

六、可靠的风险防控设施设备体系

航天装备风险防控设施设备体系是风险防控工作的物质基础，包括各种风险防控的装备、器材、物资等。任何管理活动都要借助于一定的物质条件进行。例如数据采集设备、保密设备、监控摄录设备、安全检测等多种多样的设施装备，是进行风险防控的物质支撑。创新航天装备全寿命风险管理防控体系，应注重运用现代科技成果，配套完善风险自动感知、自动分析、自动处理设施装备，着力解决物防、技防建设不达标等突出问题，不断提高风险防控设施装备的科技含量。

七、集成的风险防控数据信息系统

航天装备风险防控数据信息系统是指支撑风险防控活动运行的信息网络系统、数据支持系统、智能化管理系统等。信息时代的航天装备全寿命风险防控越来越离不开信息技术系统的强大支撑。加强风险防控信息体系建设，对航天装备全寿命各类风险防控信息系统进行综合集成，打造集各类风险管理要素为一体、上下贯通的信息化管理系统，发挥信息主导作用，提升航天装备全寿命风险防控信息化、智能化水平，是现代航天装备风险管理防控体系建设发展的趋势。例如充分利用大数据、云计算、人工智能等前沿技术，结合航天装备数字化工程建设，系统搭建航天装备风险管理信息平台，实现风险辨识清单化、分级管控规范化、应急处置流程化等功能，并将航天装备风险源的统计填报系统、监控预警系统和智能化自动防护系统集成融合，打造成融风险辨识、等级划分、应急预案匹配预警和自动响应等为一体的航天装备全寿命综合风险防控数据信息系统。

第三节 航天装备全寿命风险管理防控体系建设流程

航天装备全寿命风险管理防控体系建设是一项由航天装备主管机关领导的军民融合系统工程。体系建设的根本依据是体系文件，为规范参与航天装备全寿命过程工作的各级单位的风险管理防控体系建设工作，一般把航天装备全寿命风险管理防控体系建设流程分为体系策划，确立体系文件架构，组织体系文件编写、评审、修订和颁布，体系配套机制、手段建设，体系试运行，体系评审验收和体系配套建设等过程，作为风险管理防控体系建设运行的基本参照，采取逐步推进、环环相扣、持续优化的工作方法，稳步推进航天装备全寿命风险管理防控体系的建设工作。

一、体系策划

（一）组织安排与计划制订

1. 成立体系建设领导小组

航天装备全寿命工作涉及军地单位众多，为发挥一体化风险防控效应，体系建立前应成立由军方装备主管机关牵头、军地各相关单位主官任组长、部门领导及基层主官任组员的军地联合体系建设领导小组，全面负责航天装备全寿命风险管理防控体系建设运行的总体谋划、组织协调、问题决策、体系发布、运行检查和持续改进等工作，并在体系建设期间履行以下职责。

（1）确立航天装备风险管理防控体系基本框架。

（2）组织指导风险源辨识、风险评价及控制措施制定。

（3）按职能层次负责航天装备风险管理目标的确定和管理职能的调整。

（4）组织防控体系文件编写、修订、评审及发布工作，指导各单位按照主管机关要求建立本单位防控体系文件。

（5）指导各项配套制度机制的建立与完善。

（6）协调体系建设与运行所需的资源。

（7）负责体系建设期间的全程咨询指导。

2. 建立工作机构

航天装备全寿命风险管理防控体系建立过程中需要有职能部门来组织落实体系建设领导小组的决策，牵头组织体系的建立，体系运行过程中也需要具体部门负责体系运行与保持。因此，有必要将体系建设运行的职责落实到航天装备全寿命过程中的相关单位或部门，一般为各单位负责风险管理的部门，并调整配备充分必要的人员，以便顺利开展工作。各工作机构应主要履行以下职责。

（1）制订工作计划。

（2）组织安排相关培训。

（3）组织展开过程识别、分析与确定。

（4）组织协调体系文件的编写。

（5）指导航天装备风险源辨识、风险评价及控制措施制定。

(6) 组织开展体系试运行等工作。

3. 制订工作计划

在明确了体系建立的基本步骤后,工作机构在航天装备全寿命风险管理防控体系建设领导小组的领导下,统筹制订具体工作计划,明确风险防控目标,落实军地各级单位责任,突出重点,控制进度。计划制订完成后,报体系建设领导小组审批后印发至各单位执行。

(二) 宣贯培训

航天装备全寿命风险管理防控体系的建立涉及风险源辨识、风险识别、分析与防控、系统安全、管理体系等一系列理论的引入与运用,具有一定的理论性和系统性,必须对体系建设覆盖的相关人员进行深入的宣贯培训,打造一支体系建设人才队伍,确保体系建设的有序实施。

1. 确定时机及内容

在体系建立前、建立过程中以及体系运行实施后,军地各级单位都应在体系建设领导小组的指导下组织宣贯培训工作。在体系建立前,主要做好航天装备质量与风险管理等相关标准培训、质量与风险管理理论知识培训、文件编写培训、内审员培训;在实施体系文件和体系运行后,主要做好安全风险意识培训、体系文件宣贯。各单位可根据实际情况选择安排培训的具体时机。

2. 确定人员及重点

标准培训、风险管理理论培训、文件编写培训、内审员培训主要针对各级领导、主要岗位人员、文件编写人员、内审员进行,可委托有资质的培训、咨询机构开展。在体系策划时,考虑文件编写人员成为以后的内审员,对他们加强和深化标准的培训,便于在文件编写和内部审核时更准确地把握标准。风险意识和体系文件的宣贯在保持覆盖全员的基础上应有针对性,确保人员的能力意识与岗位安全要求适应。

(三) 确定风险管理目标

风险管理目标是风险管理的努力方向和行动指南,也是推动航天装备全寿命风险管理防控体系有效运行、提升风险管理水平的重要手段。关于航天装备全寿命工作,在体系建设策划阶段,各参与单位应在本单位安全方针的框架下制定重点突出、主次分明、覆盖全面、适应性和挑战性相统一、符合本单位航天装备风险管理的长远规划,并具有针对性、时效性、可评价性的航天装备风险管理目标,建立航天装备重大风险事故防范的指标要求体系,制定确保风险管理目标实现、切实可行的措施及保障方案,从体系建设之初就形成对风险管理目标实施科学全面管控的机制。风险管理目标不仅应包括反向目标，如不发生某类型事故等，还应包括正向目标，对航天装备风险防控起到激励与促进作用。

（四）确定体系范围

航天装备全寿命风险管理防控工作应渗透到航天装备全寿命的各个阶段，贯穿于航天装备各项工作和任务的全过程，各体系参建单位需要根据自身承担的职责任务、涉及的风险领域、设置的岗位类别，对本单位航天装备风险防控体系的管控范围予以确定。

（五）确定体系过程

根据风险防控工作特点规律，借鉴质量管理体系 PDCA 理念及过程控制要求，将航天装备风险防控的基本过程确定为五大过程，分别为：

1. 风险源辨识过程

众所周知，风险源是事故爆发的源头。它可能导致人员伤害、装备或财产损失、信息或数据丢失、工作环境破坏，并在一定触发因素作用下转化为事故。只有找准并管住危险的源头，将风险防控的关口前移，才能有效杜绝事故发生。因此，风险源辨识是五大过程的起点，是开展航天装备风险防控工作的基础。

风险源辨识过程主要完成危险源辨识，确定存在的危险源对象及特性，作为各级开展航天装备风险管理及风险防控工作的基础。

2. 风险评价过程

从辨识出风险源到完成风险分析评价，主要是对各类风险源现有的控制措施及可能导致的事故进行分析，评估确定航天装备风险等级，识别、分析、确认需要控制的关键环节的过程。

风险包含事故发生概率和严重程度两个方面，从这个角度出发，可确定风险等级的划分标准，事故发生概率较低、后果轻微的判定为可忽略风险；事故发生概率较高、后果轻微的判定为低等级可接受风险；事故发生概率较低、后果严重的判定为中等级可接受风险；事故发生概率较高、后果严重的判定为高等级可接受风险；对不符合相关法律法规和规范标准的、可能造成人员重大伤亡事故的直接判定为不可接受风险。根据评价结果，将重大的、普遍的、长期的、具有典型意义的航天装备风险源纳入管理视野、纳入防控体系，长期关注、系统管控；将现实存在的、可短期整改的航天装备风险源纳入隐患动态数据库，制订计划、明确时限、区分责任、重点整治。

3. 关键环节控制过程

关键环节控制过程是指从风险评价结束到对风险源实施控制的过程。在航天装备风险等级确定后，对纳入风险防控体系的风险源进行分析，将易引发事故、需重点关注的工作、岗位、事项确认为关键环节，针对其制定、改进、实施航天装备风险源控制措施并监督落实。

从事故发生的机理看，风险源受控制措施约束保持在相对稳定状态，由于系统中隐患的存在，使其逐步脱离限制，从薄弱环节突破，导致事故发生。因此，针对风险源的关键环节实施有效控制，才是风险防控工作的核心重点。这一过程主要包括两方面工作：一是制定、实施关键环节控制措施。各岗位针对风险评价过程中识别出的关键环节研究制定控制措施，固化于防控工作规范和岗位指南中，并据此抓好落实。在此基础上，确定了规避、降低、转移、承担风险四种措施类型，按照消除、预防、减弱、隔离、警告、手动终止的策略进行了排序。二是督导检查。大量事故表明，人是安全工作的主体。因此，做好风险防控工作必须把防范重点放在"人"这一关键要素上。加强在关键环节控制上的督导，重点加强对"人"的行为进行检查，通过设置岗位安全员、制定风险管理规范和岗位操作指导等办法，建立"内部检查、操作监督"等安全管理监督机制，有效杜绝人为失误，促进了体系文件持续优化。

4. 应急处置过程

从事故发生到完成应急处置，主要针对控制措施失效情况下，对事故进行应急处置的过程，以控制事件影响，降低事故损失。这一过程主要包含以下三项工作内容。

（1）开展应急处置。按照"主动预想，充分预判"的原则，制定航天装备风险事件应急预案。通过建立专业化的应急处置队伍，完善应急处置兵力、设施、工具等配套条件，为有效应对突发情况提供了有力的组织指导和物资保障。

（2）组织应急演练。坚持把风险应急演练纳入风险防控体系，通过常态化的练兵、用兵，既充分检验了应急预案的科学性、高效性和有效性，又促进了基础设施设备的完备和人员能力的提升。

（3）进行应急处置。当突发情况发生时，对于有应急预案的，按照既定方案开展应急处置工作；对于没有应急预案的，本着"降低事故影响，减少事故损害"的原则实施应急处置。

5. 检查评估与改进过程

从实施风险检查到检查结果的分析确认，以及事故发生后的调查与处理，主要通过对关键环节控制和事故应急处置效果进行分析评估，验证和改进航天装备风险源辨识的准确性、完整性和风险评价、控制措施、应急处置预案的有效性。遵循"前事不忘，后事之师"的安全处置原则，坚持把检查评估与事后分析综合实施，着力推动风险防控工作"螺旋式"上升，下大力解决建、用"两张皮"的问题。这一过程主要包括以下三项工作。

（1）开展安全检查。采取"依规对标查、事件分析查、不打招呼随机查、骨干与专家联合查"的方法，强化督导管理程序、管理标准、教育训练、体系优化落实情况，既保证了航天装备风险防控体系真正落实，又促进了各单位航天装备风险意识与管理能力持续提升。

（2）做好记录统计分析。依托航天装备风险防控信息系统，采取"操作随即录入、检查持续录入、案例定期录入"的办法，并借助安全专家队伍，对航天装备风险源类别、质量、出现频率等进行定期分析，实现检查结果的再次利用，解决了航天装备质量风险形势分析、体系优化改进"言之无物"的问题。

（3）持续改进提高。坚持把风险记录分析结果作为体系持续优化、风险管理技能升级的有效输入，风险防控专家委员会定期向风险防控管理委员会汇报数据分析结果、风险形势判断，管理委员会坚持让数据说话、用数据定策，航天装备全寿命风险管理防控体系建设在数字化管理中不断优化。

综上所述，航天装备全寿命风险防控的规范流程为，在航天装备主管机关和体系建设领导小组的领导下，各级单位首先辨识出本单位航天装备每项业务工作和每个专业岗位中的风险源及其特性，对每个危险源可能带来的风险进行分析评价，识别需要控制的关键环节（包括管理层和操作岗位层），研究制定正常情况下的风险控制措施和突发事故情况下的应急处置预案，通过对控制效果进行事后分析评估，进一步对航天装备风险源辨识的准确性、完整性和风险评价、控制措施、应急处置预案的有效性进行检查验证和改进。

二、确立体系文件架构

（一）体系文件分类

航天装备全寿命风险管理防控体系文件设置为四级，除将安全风险防控手册作为顶层文件外，还有防控工作规范、岗位防控指南、记录文件。

1. 安全风险防控手册

安全风险防控手册是航天装备全寿命风险管理防控体系的纲领性文件，由航天装备主管机关牵头制定。安全风险防控手册明确了风险防控工作的总体流程，重点对遵循原则、思路举措和方法步骤进行阐释，为航天装备全寿命风险管理防控体系建设提供基本依据和工作指导。

2. 防控工作规范

防控工作规范是明确航天装备全寿命过程中风险管理工作的任务、机构及职责、风险源关键环节控制、应急处置及总结评估要点等内容的一类管理性文件。防控工作规范主要面向管理层，在对航天装备工作进行风险源辨识、风险评价的基础上，明确关键环节控制要点及应急处置程序，旨在提出航天装备风险管理要求，监督安全责任落实。

3. 岗位防控指南

岗位防控指南是对航天装备工作某一专业岗位的风险管理标准要求、职责划分、风险源种类及其风险要素、控制措施和应急处置预案等内容进行细化、量化和具体化的一类操作性说明文件。岗位防控指南主要面向岗位操作人员，在充分辨识岗位风险源、评价风险的基础上，对确保岗位安全的关键要素控制措施及重点科目应急处置方案进行明确，旨在规范岗位安全操作，规避岗位安全风险。

4. 记录文件

按照 PDCA 的阶段划分，记录文件包括但不限于以下几个阶段。

（1）策划阶段：涵盖各类研究航天装备风险管理工作的会议纪要、工作安排、方法步骤等记录。

（2）执行阶段：包括航天装备隐患排查整治工作安排、排查结果、落实情况，登记统计等记录。

（3）检查阶段：包括航天装备风险工作检查、各类工作总结等记录。

（4）改进阶段：包括航天装备各类问题归零情况、事故案件调查报告等记录。

（二）建立体系文件模板

1. 格式的统一

各单位建立的文件体系在格式上必须按照航天装备主管机关统一要求，建立一致性、标准化、规范化格式文件模板。

2. 内容的统一

体系文件模板应当明确各个基本要素和主要内容。管理类文件在内容上不作强制要求，可根据工作需要设置内容；操作类文件，一般需包括下列要素，人员能力、岗位职责、需要执行的法规制度标准、安全操作要求、风险防控措施、应急处置、安全资质、安全目标、教育培训等。

三、组织体系文件编写、评审、修订和颁布

各单位在细化航天装备主管机关要求的基础上，组织编写本单位航天装备风险防控体系文件，文件编写遵循 PDCA 流程，以风险源辨识为基本依据，按照适用、简洁、可操作的要求，在原有风险防控工作的基础上总结提高。

文件编写完成后，各级单位体系建设小组应组织岗位专业骨干、安全员，对文件进行逐一讨论评审，提出明确的修订意见，经修订后定稿。文件评审主要围绕以下几个方面进行讨论。

（1）文件内容设置是否合理，是否符合航天装备风险防控文件的编写思路。

（2）文件内容是否完整，对业务工作和岗位的控制要点分析是否全面。

（3）制定的风险源控制措施是否可行。

（4）规范与指南的接口是否一致。

（5）文件的格式是否符合编写要求。

体系文件编写及修订完成后，由各单位组织会议审定并报航天装备全寿命风险管理防控体系建设领导小组审核批准，统一颁布。

四、体系配套机制、手段建设

（一）安全风险防控职责

参与航天装备全寿命工作的各单位根据风险防控手册要求建立安全风险责任规范，明确各层级、各岗位在落实安全风险分析防控工作中的责任要求，建立评价、激励、反馈的安全责任机制，通过责任的明确，理顺关系，明晰角色定位，明责追责，为实现责任落实情况的可检测、可评估、可追责提供制度依据。

（二）沟通协调机制

各单位在航天装备全寿命风险防控领导小组的指导下，依托本单位安全委员会、风险管理小组等组织和相关业务部门，建立安全风险工作沟通协调机制，确保安全工作沟通渠道畅通。

（三）资源调配

各单位明确本级人力、物力、财力等资源调配的相关内容。

（四）安全文化建设

各级紧密结合航天装备建设任务和部队实际，深化安全风险防控体系建设运行，积极开展安全文化建设，引导所有相关人员逐步树立"把事做对，免受损害"的安全理念，养成事前先行开展风险源辨识的行为习惯，形成安全工作全员参与、人人有责的良好氛围。

（五）风险防控信息系统

为提高风险管理工作的信息化水平，实现信息获取、信息共享和信息利用的目的，各单位应设计开发集资源共享、开放交互、风险预判、智能分析、事后评估于一体的综合性航天装备风险防控信息系统，充分调动相关人员参与航天装备风险管理的积极性和主动性。风险防控信息系统主要包括风险动态、安全目标管理、体系文件、安全教育与训练、记录信息流转与分析、风险源管理、风险源信息推送、运行情况通报、安全考核、风险论坛、系统管理等基本功能模块。

（六）风险防控的工具、手段和方法

风险防控的工具、手段和方法包括开展航天装备风险识别、风险评估、风险监控、风险处置的工具、手段和方法。

五、体系试运行

（一）健全组织机构

各单位应建立完备健全的航天装备风险防控组织机构，全面负责体系的运行工作，主要包括以下内容。

（1）各单位成立安全委员会作为体系运行的组织领导机构，负责体系运行的组织协调、监督检查和持续改进等归口管理工作，负责和航天装备军方管理部门对接，向其汇报体系建设情况，并领受体系建设任务。

（2）各单位应指定部门或机构负责体系运行的检查工作，定期对航天装备风险防控体系运行的情况进行督导检查，对体系的运行状况和充分性、适宜性、有效性做出评估。设有质管部门的单位，可由质管部门负责。

（3）在组织重大安全活动或处置安全事故等情况下，选派相关领域的安全专家成立安全技术专家小组，为航天装备军方管理部门提供技术支持。

（4）各基层单位设置岗位安全员，负责本单位航天装备风险防控体系落

实情况的监督检查，配合上级机关的监督检查；同时，还要对本单位体系的持续改进工作负责。

（5）突出风险管理"人人参与，人人负责"的理念，树牢"我的安全我负责，他人安全我有责，单位安全我尽责"的意识，确立参与航天装备工作的所有人员的风险防控主体地位。

（二）文件宣贯

航天装备体系全面运行前，应针对各级领导、骨干、全体参与航天装备的工作人员开展分层宣贯，增强风险意识，掌握风险管理基本方法手段，对体系增加理解。分层分级开展培训，增强培训的针对性和有效性。

1. 全员培训

各单位航天装备风险管理防控体系建设小组组织面向全员的体系宣贯活动，采取集中授课、统一宣讲的方式，辅以专题讨论、座谈交流等形式，使本单位人员重点理解掌握体系建设的背景意义、安全管理 PDCA 流程及五大过程、本单位风险管理防控体系的基本框架和通用要求。

2. 分层学习

机关各业务口、基层各单位自行组织本业务、本岗位体系文件的学习宣贯，制订切实可行、内容全面的分层学习计划，确保每名参与者都能全面系统地掌握与自身安全、岗位安全、航天装备安全切实相关的体系要求。

（三）试运行

航天装备风险管理防控体系建设完成后，各相关单位应当在航天装备管理部门的指导下组织开展体系试运行，坚持与航天装备研制生产、作战试验任务、重大演习演训活动等有机融合，检验体系建设成效。

（四）改进

航天装备风险管理防控体系试运行期间，对在体系运行过程中发现的问题，相关单位应根据检查结果和检查组的建议，进一步辨识风险源，重新进行风险评价，研究制定新的危险源控制措施，并根据需要对体系文件进行优化，对相关配套制度机制进行补充完善，保持持续改进的相关记录。把体系运行改进情况向航天装备军方主管部门汇报，军方主管部门负责监督问题的整改落实情况。

六、体系评审验收

（一）单位自查

航天装备风险管理防控体系建设完成后，各单位应当组织体系评审验收，检查应当以航天装备安全风险法规制度、各级风险防控体系文件和体系审核程序为依据实施。检查结束后，检查组应对发现的问题进行梳理、汇总，并以召开航天装备风险管理工作会议或下发通报等形式向各受检单位通报检查结果，评价体系运行情况，分析问题及原因，提出改进建议，监督整改落实，并保存体系运行检查的相关记录。

（二）集中验收

在各单位自查的基础上，航天装备军方主管机关结合工作实际，集中组织军地各相关单位进行体系评审验收，应当与以下内容相结合。

（1）查记录、演练、实际操作等。

（2）体系运行、内审、外审，及现有条件。

第四节　体系运行的重点和需要关注的问题

一、体系运行的重点

实践是检验真理的唯一标准，也是升华认知的深厚土壤。在航天装备风险防控体系运行中，我们要坚持"持续优化"的原则，按照从实践中来，到实践中去的思路，不断推动体系建设向纵深发展。

（1）优化体系设计，创建适宜文件架构。系统分析航天装备风险源管控的特点规律，按照"过程控制节点化、节点控制流程化、流程控制表格化"的"矩阵式"设计思路，确立风险防控手册、防控工作规范、岗位防控指南和记录文件等四级文件架构。首先，以航天装备风险防控手册为统领，参照职业健康安全体系国家标准，编写《安全管理手册》，作为航天装备风险防控体系的纲领性文件，明确航天装备风险管理工作的总体流程，重点就遵循原则、思路举措和方法步骤进行阐释，为体系建设提供基本依据和工作指导。其次，制定规范和指南作为支撑。在上述基础上，构建防控工作规范和岗位防控指南两级文件。其中,规范是面向管理层的文件,重在提出相关业务工作的安全标准、监督责任落实;指南是面向岗位、面向一线人员的操作类文件,重在设置控制要点、规避安全风险;最后,利用记录文件进行驱动。记录文件主要是对航天装备工作中的具体内容进行填写、登记、勾选,其核心是"做我所写的"和"写我所做的","所写的"主要指以往经验积累、工作规范及相关要求等内容,避免在工作中出现盲目和不安全;"所做的"主要为追溯工作过程建立依据,也为相互学习借鉴、创新工作思路提供可能。

(2)健全制度机制,规范体系运行程序。建立起以风险检查规范、风险教育与训练规范、风险精细化管理规范和安全责任体系为主要遵循的配套机制,确保航天装备风险防控体系运行的规范性。

(3)建强组织机构,打造专业过硬队伍。按照"职责清晰、队伍专业、运行高效"的原则,设置以"一个机构,两支队伍"为主体的管理架构,即各单位安全委员会这个领导管理机构和安全专家小组、岗位安全员两支专业化人才队伍。各单位安全委员会承担主体责任,负责体系建设运行中的管理决策、问题研讨、督导把关、依绩奖惩,确保组织管理运行高效。专家小组提供技术支持,发挥在研究解决重大问题中"对上咨询建议、对下帮带指导"作用,保证决策支持全面科学。岗位安全员督导末端落实,在体系运行中发挥跟踪检查、监督问效等方面的作用,及时提出改进体系的意见建议,推动体系末端有效落实。

(4)完善基础设施,夯实体系运行根基。为保证航天装备风险防控体系运行规范高效、管控科学合理,应加大基础设施建设力度,特别是研发管理信息系统。以"信息获取、信息共享、信息利用"为目标,开发涵盖航天装备风险源管理、统计分析等功能模块的风险管理信息系统,预留接口,整合风险隐患动态数据库、测量监控系统等多个信息平台,运用"大数据"的理念对信息进行全面分析和评估,实现信息的高度集中和综合运用。

二、体系运行需要关注的问题

航天装备风险防控五大过程是体系的核心,在实际中有以下问题和倾向需要在运行中予以关注解决。

(一)风险源辨识过程

对航天装备风险源的理解和把握存在偏差,风险源辨识不准确;在辨识中没有抓住本领域、本岗位风险源的主要矛盾;降低航天装备重大风险源辨识门槛,把需要关注的风险源等同于重大风险源等。

（二）风险评价过程

风险评价形式大于内容，评价结果没有作为风险源管控的输入加以利用，导致航天装备风险源因程度、主次不分、措施缺乏资源及领导层面的支持而难以落实。

（三）关键环节控制过程

关键环节控制措施可操作性不强；控制措施流于纸面形式，内容看上去很饱满，实际效果差强人意；关键环节控制措施强度不足，措施现场落实不到位等。

（四）应急处置过程

应急处置预案与实际不符，内容不完善，针对性、可操作性较差，多盲点、重叠、矛盾现象存在；应急演练宣传性、演示性强，没有发挥检查预案、锻炼队伍、磨合机制、教育人员的作用；预案培训不足，人员对应急处置过程、防护器材使用不熟悉；应急装备投入不足，不能满足事故状态下的应急需要等。

（五）检查评估与事后分析过程

主观定性检查多，客观定量检查少；有检查、无评估，有分析、无闭环，风险检查人员只注重检查，不注重对隐患整改措施的跟踪验证，问题责任单位整改问题不及时、不彻底，同样问题反复发生等。

本 章 小 结

本章分析了航天装备全寿命风险管理防控体系的定义与内涵，介绍了航天装备全寿命风险管理防控体系的作用，明确了航天装备全寿命风险管理防控体系构建原则与主要任务；重点剖析了航天装备全寿命风险管理防控体系建设框架，分析了每个具体体系的内涵，对其建设流程进行了交代；联系实际对航天装备全寿命风险管理防控体系运行中应该关注的重点问题进行了介绍。

思 考 题

1. 如何理解航天装备全寿命风险管理防控体系中体系的含义？在实践中体现在什么方面？
2. 航天装备全寿命风险管理防控体系的构成与建构应该把握的问题有哪些？
3. 谈谈怎样才能更好地发挥航天装备全寿命风险管理防控体系的作用。

参考文献

[1] 沈建明. 项目风险管理 [M]. 北京：机械工业出版社，2018.

[2] 戚安邦. 中国式项目风险管理 [M]. 北京：机械工业出版社，2021.

[3] 王君，段鹏. 风险管理理论与实务 [M]. 北京：电子工业出版社，2019.

[4] 遇今. 航天器研制风险管理 [M]. 北京：航空工业出版社，2012.

[5] 刘小方，谢义. 装备全寿命质量管理 [M]. 北京：国防工业出版社，2014.

[6] 邱志明，易善勇，田新广. 武器装备研制风险分析 [M]. 北京：兵器工业出版社，2010.

[7] 陈秉正. 风险管理与保险 [M]. 北京：清华大学出版社，2001.

[8] 胡宜达，沈厚才. 风险管理学基础：数理方法 [M]. 南京：东南大学出版社，2001.

[9] 郑荣跃. 航天工程学 [M]. 长沙：国防科技大学出版社，1999.

[10] 李金林. 武器装备研制项目风险管理 [M]. 哈尔滨：哈尔滨工程大学出版社，2010.

[11] 张健壮，承文，史克禄. 武器装备研制项目风险管理 [M]. 北京：中国宇航出版社，2010.

[12] 李勘. 武器装备研制项目风险管理研究 [M]. 北京：国防工业出版社，2011.

[13] 熊武一，周家法. 军事大辞海·下 [M]. 北京：长城出版社，2000.

[14] 韦灼彬，熊先巍，陈守科. 国防工程全寿命期集成化管理 [M]. 北京：

国防工业出版社，2017.

[15] 伍爱. 质量管理学 [M]. 广州：暨南大学出版社，2006.

[16] 龚源. 军品质量工程 [M]. 北京：国防工业出版社，2008.

[17] 王汉功，徐远国，张玉民. 装备全面质量管理 [M]. 北京：国防工业出版社，2003.

[18] 罗新华. 高俊姝，钟建军. 装备研制过程质量监督 [M]. 北京：国防工业出版社，2013.

[19] 吕建伟，陈霖，郭庆华. 武器装备研制的风险分析与风险管理 [M]. 北京：国防工业出版社，2005.

[20] 徐培德，祝江汉. 项目风险分析理论方法及应用（精）[M]. 长沙：国防科技大学出版社，2007.

[21] 白凤凯. 军事装备采办风险管理 [M]. 北京：国防工业出版社，2010.

[22] 风险管理 武器装备研制项目风险管理指南：GJB/Z 171—2013 [S]. 中国人民解放军总装备部，2013.

[23] Defense Systems Management College. Risk Management：Concepts and Guidance [M]. Defense Systems Management College Press，1989.

[24] Department of Defense, Defense Acquisition University, Defence Systems Management College. Risk Management Guide for DoD Acquisition [M]. Defense Systems Management College Press，1998.

[25] Fox G，Ebbeler D，Jorgensen E. The use of cluster analysis technique in spaceflight project cost risk cstimation [A]. Space 2003 conference [C]. Longbeach，CA，2003.

[26] Lackey J B. The derivation of total risk by factoring complexity metrics into the risk analysis process. 41 Aerospace Science Meeting and Exhibit [C]. Rcno，Neveda，2003.

[27] 詹兴邦. 神舟 X 号飞船研制项目风险管理研究 [D]. 哈尔滨：哈尔滨工业大学，2014.

[28] 李晓聪. 基于 HSE 与 WBS-RBS 青岛海天中心超高层项目主体施工风险评价研究 [D]. 青岛：青岛理工大学，2019.

[29] 刘艳琼. 基于影响图理论的武器装备研制项目风险分析方法及应用 [D]. 长沙：国防科学技术大学，2005.

[30] 陈志国. 传统风险管理理论与现代风险管理理论之比较研究 [J]. 保险职业学院学报，2007（6）：15-18.

[31] 黄秀华. 西方企业风险管理的历史演变及启示 [J]. 集体经济，2011

(01下)：197-199.

[32] 钟开斌．风险管理研究：历史与现状［J］．中国应急管理，2007（11）：22-27.

[33] 鹿国华，范宇，杨鹏，等．航天装备试验鉴定体系建设分析与研究［J］．中国航天，2019（2）：37-41.

[34] 辛涛，钟孟春，韩媛媛，等．美军退役报废装备处置研究及启示［J］．资源科学，2010（12）：2286-2290.

[35] 龚景海，钟善桐，刘锡良．建筑工程并行设计的研究［J］．哈尔滨建筑大学学报，2000（33）：61-65.

[36] 吴子燕，杨劲，孙树栋．建筑工程并行设计研究［J］．工业工程与管理，2005（3）：55-58.

[37] 康锐，王自力．装备全系统全特性全过程质量管理概述［J］．国防技术基础，2007（004）：25-29.

附件 A　武器装备研制风险因素调查表

尊敬的专家：

您好！感谢您在百忙之中填写附表 A-1，现在需要您填写出武器装备研制的风险因素，恳请您抽出一点宝贵时间，请您根据实际情况填写，结果仅供学术研究，衷心感谢您的配合。

附表 A-1　武器装备研制风险因素调查表

序号	风险因素	备注
1		
2		
3		
4		
5		
6		
…		

问卷到此结束，谢谢合作！

附件 B 评价指标权重打分表

尊敬的专家：

您好！感谢您在百忙之中填写附表 B-1~附表 B-24，现在需要您对武器装备研制阶段风险评价体系中的各个指标权重做一个调查问卷，恳请您抽出一点宝贵时间，请您根据实际情况对指标进行比较并打分，结果仅供学术研究，衷心感谢您的配合。

附表 B-1 一级指标评估调查表

两两比较	论证阶段遗留风险	环境政策风险	技术风险	管理风险
论证阶段遗留风险				
环境政策风险				
技术风险				
管理风险				

附表 B-2 论证阶段遗留风险评估调查表

两两比较	主要作战使用性能论证风险	军方需求分析风险
主要作战使用性能风险		
论证周期风险		

附表 B-3 环境政策风险评估调查表

两两比较	国际局势风险	宏观经济环境的影响
政治环境风险		
宏观经济环境风险		

附表 B-4 技术风险评估调查表

两两比较	方案设计风险	技术成熟性风险	技术复杂性风险	软件程序开发风险	工艺制造风险	研制人员的技术能力风险	材料制造性能风险	技术状态控制风险
方案设计风险								
技术成熟性风险								

附件 B　评价指标权重打分表

续表

两两比较	方案设计风险	技术成熟性风险	技术复杂性风险	软件程序开发风险	工艺制造风险	研制人员的技术能力风险	材料制造性能风险	技术状态控制风险
技术复杂性风险								
软件程序开发风险								
工艺制造风险								
研制人员的技术能力风险								
材料制造性能风险								
技术状态控制风险								

附表 B-5　管理风险评估调查表

两两比较	团队管理风险	指挥调度风险	资源整合风险	保障和培训设备管理风险	计划管理风险	重大试验质量管理风险	费用和进度控制风险
团队管理风险							
指挥调度风险							
资源整合风险							
保障和培训设备管理风险							
计划管理风险							
重大试验质量管理风险							
费用和进度风险							

附表 B-6　三级指标评估调查表 1

两两比较	战术技术指标要求过高或过低	标准化要求论证不充分
战术技术指标要求过高或过低		
标准化要求论证不充分		

附表 B-7　三级指标评估调查表 2

两两比较	进度目标不切实际，难以实现	形成初步作战能力的时间要求不明确
进度目标不切实际，难以实现		
形成初步作战能力的时间要求不明确		

附表 B-8　三级指标评估调查表 3

两两比较	国际政治关系变化	国防发展策略改变	军方需求的变动
国际政治关系变化			
国防发展策略改变			
军方需求的变动			

附表 B-9　三级指标评估调查表 4

两两比较	物价调整	购买许可限制	外购产品质量和供应的不确定
物价调整			
购买许可限制			
外购产品质量和供应的不确定			

附表 B-10　三级指标评估调查表 5

两两比较	参数设计缺少优化	技术指标分配缺少权衡研究	接口要求不明确或协调不够	设计采用未成熟技术或稀有材料且无替代方案	未考虑制造能力或同步开展工艺设计	松散的设计评审过程
参数设计缺少优化						
技术指标分配缺少权衡研究						
接口要求不明确或协调不够						
设计采用未成熟技术或稀有材料且无替代方案						
未考虑制造能力或同步开展工艺设计						
松散的设计评审过程						

附件 B 评价指标权重打分表

附表 B-11　三级指标评估调查表 6

两两比较	缺乏技术储备	没有充分预研
缺乏技术储备		
没有充分预研		

附表 B-12　三级指标评估调查表 7

两两比较	技术的快速变化	技术协调不充分
技术的快速变化		
技术协调不充分		

附表 B-13　三级指标评估调查表 8

两两比较	软件设计文件不齐全	开发工具缺乏	软件测试平台不完善	软件人员随意性修改
软件设计文件不齐全				
开发工具缺乏				
软件测试平台不完善				
软件人员随意性修改				

附表 B-14　三级指标评估调查表 9

两两比较	工艺不成熟	设计与工艺协调不够	生产工艺和技术装备落后
工艺不成熟			
设计与工艺协调不够			
生产工艺和技术装备落后			

附表 B-15　三级指标评估调查表 10

两两比较	经验不足	责任心不够
经验不足		
责任心不够		

附表 B-16　三级指标评估调查表 11

两两比较	供方选择不当或随意变更	原材料、元器件、部组件的选择与控制不当	没有考虑发现的产品缺陷
供方选择不当或随意变更			
原材料、元器件、部组件的选择与控制不当			
没有考虑发现的产品缺陷			

附表 B-17　三级指标评估调查表 12

两两比较	未建立严格的技术状态管理制度	职能机构不健全	登记制度不严	缺乏生产与试验现场处理解决各种问题的具体办法和规定	工程更改后缺乏验证
未建立严格的技术状态管理制度					
职能机构不健全					
登记制度不严					
缺乏生产与试验现场处理解决各种问题的具体办法和规定					
工程更改后缺乏验证					

附表 B-18　三级指标评估调查表 13

两两比较	项目领导者的能力	人员变动	培训不够和资格认证不严	考核和奖惩欠缺
项目领导者的能力				
人员变动				
培训不够和资格认证不严				
考核和奖惩欠缺				

附表 B-19　三级指标评估调查表 14

两两比较	调度不力	指挥不佳
调度不力		
指挥不佳		

附表 B-20　三级指标评估调查表 15

两两比较	跨职能部门的协调不够	对外的购买、谈判、技术获取协调不够	资源得不到合理的配置
跨职能部门的协调不够			
对外的购买、谈判、技术获取协调不够			
资源得不到合理的配置			

附件 B 评价指标权重打分表

附表 B-21　三级指标评估调查表 16

两两比较	未能与装备研制同期考虑	对使用人员了解不足	专用保障设备过多
未能与装备研制同期考虑			
对使用人员了解不足			
专用保障设备过多			

附表 B-22　三级指标评估调查表 17

两两比较	综合考虑不周	计划没有留有余地
综合考虑不周		
计划没有留有余地		

附表 B-23　三级指标评估调查表 18

两两比较	未对试验中出现的问题做深入分析	大型试验质量管理和控制不力	所测量的关键参数不能给出产品符合规范要求足够高的置信度
未对试验中出现的问题做深入分析			
大型试验质量管理和控制不力			
所测量的关键参数不能给出产品符合规范要求足够高的置信度			

附表 B-24　三级指标评估调查表 19

两两比较	费用超支	经费预算的不准确	经费延迟拨付	经费分配不合理	进度计划制定不合理	进度拖期
费用超支						
经费预算的不准确						
经费延迟拨付						
经费分配不合理						
进度计划制订不合理						
进度拖期						

填写说明：第一列的因素 A，第一行的因素 B，请在空白处填写 A 与 B 的重要性比较值。比较值分为 B 与 A 同样重要打 1 分，B 比 A 稍微重要打 3 分，B 比 A 明显重要打 5 分，B 比 A 绝对重要打 9 分，也可填写中间值 2、4、6、8 分，若您觉得 B 比 A 稍微重要，就填写"3"，反之填写"1/3"。

问卷到此结束，谢谢合作！

附件 C 风险因素判断矩阵

风险因素判断矩阵如附表 C-1~附表 C-24 所示。

附表 C-1 总风险评估调查表

两两比较	论证阶段遗留风险	环境政策风险	技术风险	管理风险
论证阶段遗留风险	1	1/2	1/5	1/3
环境政策风险	2	1	1/8	1/2
技术风险	5	8	1	3
管理风险	3	2	1/3	1

附表 C-2 论证阶段遗留风险评估调查表

两两比较	主要作战使用性能论证风险	军方需求分析风险
主要作战使用性能风险	1	2
论证周期风险	1/2	1

附表 C-3 环境政策风险评估调查表

两两比较	国际局势风险	宏观经济环境的影响
政治环境风险	1	1/2
宏观经济环境风险	2	1

附表 C-4 技术风险评估调查表

两两比较	方案设计风险	技术成熟性风险	技术复杂性风险	软件程序开发风险	工艺制造风险	研制人员的技术能力风险	材料制造性能风险	技术状态控制风险
方案设计风险	1	2	2	3	1	4	5	6
技术成熟性风险	1/2	1	1	3	1/2	3	4	5
技术复杂性风险	1/2	1	1	3	1/2	3	4	5
软件程序开发风险	1/3	1/3	1/3	1	1/3	4	5	6
工艺制造风险	1	2	2	3	1	5	3	1/5

续表

两两比较	方案设计风险	技术成熟性风险	技术复杂性风险	软件程序开发风险	工艺制造风险	研制人员的技术能力风险	材料制造性能风险	技术状态控制风险
研制人员的技术能力风险	1/4	1/3	1/3	1/4	1/5	1	2	3
材料制造性能风险	1/5	1/4	1/4	1/5	1/3	1/2	1	2
技术状态控制风险	1/6	1/5	1/5	1/6	1/3	1/2	1	1

附表 C-5 管理风险评估调查表

两两比较	团队管理风险	指挥调度风险	资源整合风险	保障和培训设备管理风险	计划管理风险	重大试验质量管理风险	费用和进度控制风险
团队管理风险	1	2	2	4	1/2	2	1/5
指挥调度风险	1/2	1	1	3	1/3	2	1/6
资源整合风险	1/2	1	1	3	1/3	2	1/6
保障和培训设备管理风险	1/4	1/3	1/3	1	1/5	5	1/8
计划管理风险	2	3	3	5	1	3	1/3
重大试验质量管理风险	1/2	1/2	1/2	1/5	1/3	1	1/6
费用和进度风险	5	6	6	8	3	6	1

附表 C-6 三级指标评估调查表1

两两比较	战术技术指标要求过高或过低	标准化要求论证不充分
战术技术指标要求过高或过低	1	5
标准化要求论证不充分	1/5	1

附表 C-7 三级指标评估调查表2

两两比较	进度目标不切实际，难以实现	形成初步作战能力的时间要求不明确
进度目标不切实际，难以实现	1	3
形成初步作战能力的时间要求不明确	1/3	1

附件 C 风险因素判断矩阵

附表 C-8 三级指标评估调查表 3

两两比较	国际政治关系变化	国防发展策略改变	军方需求的变动
国际政治关系变化	1	1/2	1/3
国防发展策略改变	2	1	1/2
军方需求的变动	3	2	1

附表 C-9 三级指标评估调查表 4

两两比较	物价调整	海外购买受限制	外购产品质量和供应的不确定
物价调整	1	3	1/7
海外购买受限制	1/3	1	1/8
外购产品质量和供应的不确定	7	8	1

附表 C-10 三级指标评估调查表 5

两两比较	参数设计缺少优化	技术指标分配缺少权衡研究	接口要求不明确或协调不够	设计采用未成熟技术或稀有材料且无替代方案	未考虑制造能力或同步开展工艺设计	松散的设计评审过程
参数设计缺少优化	1	1/2	1/2	1/2	1/3	2
技术指标分配缺少权衡研究	2	1	1	1	1/2	3
接口要求不明确或协调不够	2	1	1	1	1/2	3
设计采用未成熟技术或稀有材料且无替代方案	2	1	1	1	1/2	3
未考虑制造能力或同步开展工艺设计	3	2	2	2	1	5
松散的设计评审过程	1/2	1/3	1/3	1/3	1/5	1

附表 C-11 三级指标评估调查表 6

两两比较	缺乏技术储备	没有充分预研
缺乏技术储备	1	2
没有充分预研	1/2	1

附表 C-12　三级指标评估调查表 7

两两比较	技术的快速变化	技术协调不充分
技术的快速变化	1	1
技术协调不充分	1	1

附表 C-13　三级指标评估调查表 8

两两比较	软件设计文件不齐全	开发工具缺乏	软件测试平台不完善	软件人员随意性修改
软件设计文件不齐全	1	1/2	1/3	1/8
开发工具缺乏	2	1	1/4	1/6
软件测试平台不完善	2	4	1	1/5
软件人员随意性修改	8	6	5	1

附表 C-14　三级指标评估调查表 9

两两比较	工艺不成熟	设计与工艺协调不够	生产工艺和技术装备落后
工艺不成熟	1	1/2	1/5
设计与工艺协调不够	2	1	1/3
生产工艺和技术装备落后	5	3	1

附表 C-15　三级指标评估调查表 10

两两比较	经验不足	责任心不够
经验不足	1	1/3
责任心不够	3	1

附表 C-16　三级指标评估调查表 11

两两比较	供方选择不当或随意变更	原材料、元器件、部组件的选择与控制不当	没有考虑发现的产品缺陷
供方选择不当或随意变更	1	1/3	3
原材料、元器件、部组件的选择与控制不当	3	1	5
没有考虑发现的产品缺陷	1/3	1/5	1

附件 C 风险因素判断矩阵

附表 C-17 三级指标评估调查表 12

两两比较	未建立严格的技术状态管理制度	职能机构不健全	登记制度不严	缺乏生产与试验现场处理解决各种问题的具体办法和规定	工程更改后缺乏验证
未建立严格的技术状态管理制度	1	1	2	1/3	2
职能机构不健全	1	1	1	1/3	2
登记制度不严	1/2	1	1	1/5	1/2
缺乏生产与试验现场处理解决各种问题的具体办法和规定	3	3	5	1	5
工程更改后缺乏验证	1/2	1/2	2	1/5	1

附表 C-18 三级指标评估调查表 13

两两比较	项目领导者的能力	人员变动	培训不够和资格认证不严	考核和奖惩欠缺
项目领导者的能力	1	1/3	2	3
人员变动	3	1	6	8
培训不够和资格认证不严	1/2	1/6	1	2
考核和奖惩欠缺	1/3	1/8	1/2	1

附表 C-19 三级指标评估调查表 14

两两比较	调度不力	指挥不佳
调度不力	1	1/2
指挥不佳	2	1

附表 C-20 三级指标评估调查表 15

两两比较	跨职能部门的协调不够	对外的购买、谈判、技术获取协调不够	资源得不到合理的配置
跨职能部门的协调不够	1	2	1/5
对外的购买、谈判、技术获取协调不够	1/2	1	1/6
资源得不到合理的配置	5	6	1

附表 C-21　三级指标评估调查表 16

两两比较	未能与装备研制同期考虑	对使用人员了解不足	专用保障设备过多
未能与装备研制同期考虑	1	3	6
对使用人员了解不足	1/3	1	2
专用保障设备过多	1/6	1/2	1

附表 C-22　三级指标评估调查表 17

两两比较	综合考虑不周	计划没有留有余地
综合考虑不周	1	2
计划没有留有余地	1/2	1

附表 C-23　三级指标评估调查表 18

两两比较	未对试验中出现的问题做深入分析	大型试验质量管理和控制不力	所测量的关键参数不能给出产品符合规范要求足够高的置信度
未对试验中出现的问题做深入分析	1	1/4	1/2
大型试验质量管理和控制不力	4	1	2
所测量的关键参数不能给出产品符合规范要求足够高的置信度	2	1/2	1

附表 C-24　三级指标评估调查表 19

两两比较	费用超支	经费预算的不准确	经费延迟拨付	经费分配不合理	进度计划制定不合理	进度拖期
费用超支	1	1/4	1/2	1/2	1/2	1/3
经费预算的不准确	4	1	1/2	2	3	1/2
经费延迟拨付	2	2	1	1	1	1/2
经费分配不合理	2	1/2	1	1	1	1/2
进度计划制订不合理	2	1/3	1	1	1	1/2
进度拖期	3	1/2	2	2	2	1

附件 D 模糊隶属度调查问卷

尊敬的专家：

您好！感谢您在百忙之中填写此表，现在需要对武器装备研制阶段风险评价模糊隶属度做一个调查问卷，恳请您抽出一点宝贵时间，请您根据实际情况对指标在您认为的等级打分，结果仅供学术研究，衷心感谢您的配合。

模糊隶属度评语集 $V=\{$特别重大风险，重大风险，较大风险，一般风险，较小风险$\}$，请确定在指标体系中各因素对于评语集的模糊隶属度。

说明：调查中评语"特别重大风险"的分数为100，"重大风险"的分数为80，"较大风险"的分数为60，"一般风险"的分数为40，"较小风险"的分数为20。请您在您认为的等级相对应空格处打"√"。

附表 D-1 模糊隶属度调查表

风险因素	特别重大风险	重大风险	较大风险	一般风险	较小风险
战术技术指标要求过高或过低					
标准化要求论证不充分					
进度目标不切实际，难以实现					
形成初步作战能力的时间要求不明确					
国际政治关系恶化					
国防发展策略改变					
军方需求的变动					
物价调整					
海外购买受限制					
外购产品质量和供应的不确定					
参数设计缺少优化					
技术指标分配缺少权衡研究					
接口要求不明确或协调不够					
设计采用未成熟技术或稀有材料且无替代方案					
未考虑制造能力或同步开展工艺设计					
松散的设计评审过程					

续表

风险因素	特别重大风险	重大风险	较大风险	一般风险	较小风险
缺乏技术储备					
没有充分预研					
技术的快速变化					
技术协调不充分					
软件设计文件不齐全					
开发工具缺乏					
软件测试平台不完善					
软件人员随意性修改					
工艺不成熟					
设计与工艺协调不够					
生产工艺和技术装备落后					
经验不足					
责任心不够					
供方选择不当或随意变更					
原材料、元器件、部组件的选择与控制不当					
没有考虑发现的产品缺陷					
未建立严格的技术状态管理制度					
职能机构不健全					
登记制度不严格					
缺乏生产与试验现场处理解决各种问题的具体办法和规定					
工程更改后缺乏验证					
项目领导者的能力					
人员变动					
培训不够和资格认证不严格					
考核和奖惩欠缺					
调度不力					
指挥不到位					
跨职能部门的协调不够					
对外的购买、谈判、技术获取协调不够					
资源得不到合理的配置					

附件 D　模糊隶属度调查问卷

续表

风险因素	特别重大风险	重大风险	较大风险	一般风险	较小风险
未能与装备研制同期考虑					
对使用人员了解不足					
专用保障设备过多					
综合考虑不周					
计划没有留有余地					
未对试验中出现的问题做深入分析					
大型试验质量管理和控制不力					
所测量的关键参数不能给出产品符合规范要求足够高的置信度					
费用超支					
经费预算的不准确性					
经费延迟拨付					
经费分配不合理					
进度计划制订不准确					
进度拖期					

问卷到此结束，谢谢合作！

后　记

当前，国内风险管理类教程比较多，但多数为针对金融风险管理和项目风险管理教程，或者是风险管理普及类教程，与航天及装备相关的书籍，仅有武器装备研制项目风险管理、航天项目风险教程，出版的数量也寥寥无几，到目前为止，还没有专门针对航天装备全寿命各阶段面临风险进行研究的相关教材。

长期以来，航天工程大学工程管理专业、装备保障技术与指挥专业风险管理相关课程一直选用地方项目管理教材，无法体现装备和航天特色。为解决教学急需，以航天工程大学部队管理教研室教员、工程管理专业在读研究生为主，联合军事科学院系统工程研究院相关专家，开展前期课题研究，并申报大学教材立项。一年多来，编写组先后多次召开会议，研究撰写提纲，根据评审专家意见建议，确立了以装备全寿命周期阶段为主线组织教材内容框架的定位，撰写中充分体现航天特色。具体分工如下：董鸿波、沈建明（前言、第一章、第二章），王小乐、宋晓强（第三章、第四章），孟小祥（第五章），赵今蛟、董鸿波（第六章），翟宁（第七章），王飞（第八章），韩志超（第九章），陆云峰（第十章），全书由董鸿波、林白统稿。本书在编写过程中吸收、借鉴了军内外专家的有关研究成果，尤其是在风险管理基础理论部分。沈建明老师是国内项目管理领域的资深专家，本书编写过程中得到了他全方位的指导。在此谨表示感谢。

由于作者水平有限，时间仓促，难免有疏漏、不足之处，敬请读者批评指正。

编　者

2024 年 10 月